KB082589

왜, **우리**가
우주에
존재하는가?

대우휴먼사이언스 007

왜, 우리가 우주에 존재하는가?

최신 소립자론 입문

무라야마 히토시 **지음**

김소연 **옮김** | 박성찬 **감수**

아카넷

추천의 글

"친애하는 박 박사님께, 저희 연구소에서 함께 연구하실 수 있기를 희망합니다." 2007년 크리스마스 즈음 이 책의 저자 무라야마 히토시 소장에게서 이렇게 시작하는 편지 한 통을 받았습니다. 당시 40대 초반의 캘리포니아 버클리대학교의 무라야마 교수가 소장으로 전격 기용된 이 연구소는 '우주의 물리학과 수학 연구소(Institute for Physics and Mathematics of the Universe, IPMU)'라는 엄청나게 거창한 이름을 가졌습니다. "우주의 언어는 수학으로 씌어 있다"라는 말을 남긴 위대한 물리학자 갈릴레오 갈릴레이의 정신을 이어받아 이론물리학과 수학을 연구하는 사람들이 모여 우리 우주의 섭리를 한번 함께 따져보자는 놀랍고도 재미난 기획으로 2007년에 설립되었습니다. 저는 이 에너지 넘치는 분위기의 연구소에서 무라야마 소장과 3년간 함께했습니다.

인류는 과학이라는 방법을 통해 우주 섭리의 아름다움을 밝혀내고 있습니다. 자칫 과학자의 영역으로만 여겨지기 쉬운 우주의 이야기를 과학자들의 연구실에서 꺼내어 일반인들에게 알리는 데 많은 분들이 노력하고 있습니다.

그중에서 무라야마 히토시는 단연 대중과 가장 가까이에서 소통하는 학자입니다. 그는 뛰어난 역량을 지닌, 물리학계에서 영향력 있는 연구자이며, 어려운 물리학을 직관적인 비유와 쉬운 설명으로 풀어내는 능력이 탁월한 작가이기도 합니다. 일본에서는 일반인을 대상으로 우주론, 소립자론을 알기 쉽게 해설하는 능력은 그를 능가할 사람이 없다는 평을 받고 있습니다.

그가 일반인 독자를 위해 쓴 『왜 우리가 우주에 존재하는가?』가 몇 해 전 일본에서 출판되어 곧 전국적 베스트셀러가 되자, 그를 아는 많은 분들은 당연한 일이라고 입을 모았습니다. 저 또한 이 책을 읽는 내내 지금껏 보기 힘들었던 참신한 비유와 그 과학적 정확성에 고개를 끄덕였으며, 불과 수년 이내에 이루어진 과학적 업적들을 아우르는 방대한 최신 소식을 전달하는 그의 열정에 빠져들 수밖에 없었습니다. 전문 번역가의 번역으로 한국어판이 출간되어 드디어 많은 분들이 읽을 수 있게 된 것이 저로서도 정말 기쁜 이유입니다.

이 책에서 우주와 입자물리학을 연결하는 역할은 '중성미자'가 담당합니다. '작은 중성자'라는 뜻으로 페르미가 이름을 붙인

이 입자는 질량이 있는 모든 입자들 중에서 가장 가볍고, 아주 약하게만 상호작용하지만 태양을 빛나게 하는 역할을 하기 때문에 우리에게 더 없이 소중한 존재이기도 합니다.

2015년 노벨 물리학상이 바로 이 중성미자의 독특한 진동 현상을 밝혀낸 실험을 주도한 가지타(Kajita Takaaki)와 맥도널드(Arthur B. McDonald)에게 돌아갔으니, 올해 노벨상 업적을 이해하고 싶은 분들에게 좋은 읽을거리가 되리라 생각합니다.

그리고 모든 소립자에 질량을 부과하는 역할을 담당하는 '힉스 입자'의 물리학과, 빅뱅에서 물질이 생성되고 우주의 구조가 만들어지는 장엄한 역사가 과학적으로 검증되는 과정 등 인류가 이루어낸 지적 성취의 가장 높은 곳의 이야기를 위트 있게 풀어내고 있어 우리 인류의 도전이 어디까지 와있는지 이해할 귀중한 기회가 될 것입니다.

저는 성숙한 사회의 교양 있는 시민들은 자연의 섭리를 이해하려는 순수한 노력의 가치를 인정하고, 즐겁게 우주를 이야기하는 기쁨을 누릴 수 있어야 한다고 생각합니다. 이 책이 그 기쁨의 하나의 시작점이 되어 줄 수 있기를 희망합니다.

2015년 12월 1일
박성찬

시작하며

우리 몸은 물질로 이루어져 있습니다. 뿐만 아니라 우리 주변의 것들과 지구, 태양 같은 항성도 물질로 이루어져 있습니다. 말하자면 우리는 물질로 둘러싸여 있는 것입니다. 이 물질을 쪼개다 보면 원자에 도달합니다. 원자$_{아톰}$라는 단어는 고대 그리스인들이 생각했던 아토모스$_{atomos}$에서 유래되었는데, 아토모스는 '더 이상 분해할 수 없는 것'이라는 뜻이며 원자가 발견된 당시에는 물질을 구성하는 근원적인 입자라는 의미에서 원자라는 이름이 붙었습니다.

하지만 결국 원자는 근원적인 입자가 아님이 밝혀졌죠. 연구 과정에서 원자는 양(+)의 전기를 띠는 원자핵과 음(-)의 전기를 띠는 전자로 구성된다는 사실을 알게 된 것입니다. 뿐만 아니라 원자핵은 양성자와 중성자로 이루어져 있고, 그 양성자와 중성자는 각각 세 개의 쿼크$_{quark}$로 이루어져 있다는 사실까지 밝혀졌습니다.

이처럼 많은 소립자가 존재한다는 사실과 더불어 어떤 물질이
든 반드시 그에 상응하는 반물질이 있다는 사실도 알게 되었습
니다. 원자 안에는 전자나 양성자 같은 소립자가 있는데, 이런 입
자에도 반드시 반물질이 존재합니다.

반물질은 1932년, 미국의 물리학자 앤더슨이 우주선宇宙線을
조사하던 중 처음 발견했습니다. 그리고 인류가 만든 최초의 반
물질은 1933년, 마리 퀴리의 딸과 사위인 졸리오 퀴리 부부가 만
든 전자의 반물질, 즉 양전자입니다. 그리고 1955년에는 캘리포
니아대학교 버클리캠퍼스에서 대형 소립자가속기를 사용해 양
성자의 반물질인 반양성자를 만드는 데 성공했습니다.

현재의 소립자 이론에 따르면, 물질은 반드시 자신과 짝을 이
루는 반물질과 함께 태어나는데, 이를 쌍생성pair production이라 합
니다. 그리고 물질과 그 짝을 이루는 반물질이 만나면 쌍소멸pair
annihilation이라는 현상이 일어나 물질과 반물질은 둘 다 소멸하고
맙니다. 다만, 물질로서는 소멸하지만 사라진 다음에는 물질과
반물질의 무게만큼 에너지가 발생합니다. 즉 쌍소멸은 물질과
반물질의 무게가 에너지로 변하는 현상이라 할 수 있습니다. 또
한 쌍소멸로 만들어진 에너지에서는 다른 물질과 그 물질의 반
물질이 태어납니다.

물질과 짝을 이루는 반물질은 항상 무게가 같지만 전기적 성질은 반대입니다. 물질이 양이면 반물질은 음입니다. 우리는 자신의 얼굴을 직접 볼 수 없기 때문에 화장을 할 때는 거울을 이용하는데, 거울에 비친 얼굴은 엄밀히 말하면 완전한 자기 얼굴이 아닙니다. 거의 흡사하기는 하지만 좌우가 반대이기 때문에 별개의 얼굴이라 할 수 있습니다.

물질과 반물질의 관계는 나와 거울에 비친 내 모습의 관계와 비슷합니다. 거울에 비친 세상처럼 어떤 요소가 반대되는 것을 대칭성이라 하는데, 반물질의 경우는 좌우가 바뀌는 게 아니라 전기적 성질이 대칭을 이룹니다.

우리가 이 세상에서 보는 모든 것은 물질로 이루어져 있습니다. 아이스크림도 마찬가지죠. 만약, 반물질로 이루어진 아이스크림이 있다고 해도 우리는 육안으로 구별할 수 없습니다. 왜냐하면 반물질이 빛에 대해 갖는 특성은 물질과 완전히 같기 때문이며, 무게까지 같기 때문에 좀처럼 구별하기가 쉽지 않습니다.

하지만 당신이 이 반물질 아이스크림을 손으로 잡으려는 순간, 엄청난 일이 벌어질 것입니다. 우리 몸은 물질로 이루어져 있기 때문에 반물질로 만든 아이스크림에 닿는 순간, 강력한 쌍소멸 현상이 일어날 것이며, 이로 인해 당신의 손은 사라질 것입니다. 손이 사라지다니, 소름이 돋았나요? 하지만 손만 사라졌다면 그래도 불행 중 다행이라 생각해야 합니다.

혹시 아인슈타인이 상대성이론에서 유추한 유명한 공식을 알고 있는지 모르겠습니다. $E=mc^2$로 표기하는 이 식은 무게와 에너지는 같으며, 이 둘은 서로 변환 가능하다는 것을 의미합니다. 앞에서 물질과 반물질이 충돌하면 쌍소멸하면서 에너지로 변한다고 했는데, 이 말은 바로 이 아인슈타인의 공식에서 나온 것입니다.

이 공식에서 E는 에너지, m은 질량, 즉 무게를 나타냅니다. 그리고 c는 빛의 속도입니다. 즉 에너지와 무게는 교환이 가능합니다. 게다가 질량에 c(초속 약 3억 미터)를 제곱하므로 질량이 아무리 작아도 그 질량이 모두 에너지로 바뀌면 막대한 양이 된다는 사실을 알 수 있습니다.

물질의 질량이 모두 에너지로 바뀌면, 즉 에너지 효율이 100%라면 엔진 안에서 휘발유를 폭발시켰을 때 발생하는 에너지의 약 3억 배에 달하는 에너지를 만들 수 있습니다. 같은 무게로 비교하면, 반물질과 물질이 충돌했을 때 휘발유의 3억 배의 에너지가 생성되는 것입니다.

3억 배나 되는 에너지라니, 그렇다면 반물질은 꿈의 에너지인 걸까요? 그래서 반물질은 종종 SF 이야기에 등장하기도 합니다. 미국의 텔레비전 드라마 〈스타트렉〉에서 반물질은 엔터프라이

즈호의 연료로 우주선 부양에 사용됩니다. 그리고 소설 『천사와 악마』는 어떤 과학자가 연구소 소장에게 들키지 않고 0.25그램의 반물질을 만들었다는 이야기로 시작합니다.

0.25그램 정도야 하며 대수롭지 않게 여기는 독자가 있을지도 모르겠군요. 그런데 0.25그램의 반물질이 같은 양의 물질과 만나면 히로시마에 투하된 원자폭탄과 같은 크기의 에너지가 발생합니다. 우리는 우리 주변에 반물질이 존재하지 않는 덕에 이렇게 평화롭게 살고 있지만, 만약 반물질이 존재한다면 엄청난 일이 벌어질 것입니다.

그건 그렇고 0.25그램의 반물질을 만드는 데 비용은 얼마나 들까요? 무려 1조 엔의 100억 배라는 어마어마한 금액이 필요하다고 합니다. 이 정도면 대학이나 기업에서 만들기는 거의 불가능하다 할 수 있습니다. 그런데 『천사와 악마』에서는 그런 거액을 사용했는데도 소장이 눈치 채지 못하다니, 예산 규모가 어마어마한 연구소였나 봅니다. 대단히 부럽군요(웃음).

물질이 반물질보다 많았다고?!

일상생활에서는 우리가 반물질을 만날 일이 없지만 우주에서는 어떨까요? 사실 이 광활한 우주 공간을 조사해 봐도 반물질은 거의 만날 수 없습니다. 하지만 시간의 태엽을 감아 우주가 탄생한 직후로 돌아간다면 많은 양의 반물질을 만날 수 있을 것입니다.

우주 탄생 직후에 빅뱅이 있었고, 어마어마한 에너지가 열과 빛의 형태로 방출되었습니다. 그래서 우리가 사는 이 우주는 큰 돈을 들이지 않아도 많은 양의 반물질을 만들 수 있었습니다. 그리고 반물질이 생성됨과 동시에 물질도 생성되므로 당연히 물질도 풍부했습니다. 과학자들은 우주 초창기에는 지금보다 훨씬 작은 공간에서 물질과 반물질이 혼연일체가 되어 탄생과 소멸을 거듭했을 것이라 추측합니다.

이후 우주는 점점 팽창하고 온도도 낮아지면서 전체적으로 식어갑니다. 이 시기에는 물질과 반물질이 만나는 빈도는 감소하지만, 만나면 에너지가 됩니다. 한편 새로운 물질과 반물질을 생성하는 에너지의 밀도가 낮아지면서 짝을 이루는 물질·반물질이 탄생하는 빈도도 낮아지죠. 이런 과정을 거쳐 우주 초기에 탄생한 물질과 반물질은 대부분 사라졌습니다.

실제로 현재의 우주에서 반물질은 거의 발견되지 않습니다. 하지만 물질은 확연하게 남아 있습니다. 별이나 은하가 우주 안에서 밝게 빛나고 지구와 달도 존재합니다. 지구상에는 물질로 이루어진 우리도 있습니다. 대체 어찌된 일일까요?

사실은 자세히 살펴보니 물질이 반물질보다 더 많았습니다. 계산 결과, 10억 분의 2 정도 물질이 반물질보다 많았기 때문에

왜, 우리가 우주에 존재하는가?

반물질이 모두 사라져도 물질이 남을 수 있었을 거라 추측되고 있습니다. 하지만 물질과 반물질은 예외 없이 짝을 이루어 쌍으로 생성되었기 때문에 분명 같은 수량이 탄생했을 것입니다. 그리고 짝이 없으면 소멸되지도 않으므로 반물질이 존재했던 수만큼 물질도 소멸했을 것입니다. 어느 쪽이라도 한쪽만 소멸할 수는 없으므로 상식적으로 생각하면 이 우주에는 남는 것 하나 없이, 물질도 반물질도 없는 텅 빈 세상이 되어야겠죠.

하지만 우리는 이 우주에 존재합니다. 그렇다면 원래 같은 수량 존재했던 물질과 반물질 중에서 누군가가 반물질만 한 움큼 집어 물질 쪽으로 옮겨놓은 것은 아닐까요? 그렇지 않고서야 이런 일이 일어날 리 없지 않을까요? 그런데 어쩌면 이 의문이 곧 풀릴지도 모릅니다.

그 열쇠를 쥐고 있는 것은 중성미자라는 작은 입자일 것으로 추측되고 있습니다. 중성미자는 알면 알수록 신비한 성질을 가지고 있으며 암흑물질, 인플레이션과도 깊은 관련이 있을지 모릅니다. 어쩌면 우리가 이 우주에 태어날 수 있었던 것도 중성미자 덕분인지 모릅니다. 뿐만 아니라 힉스입자나 인플레이션, 그리고 암흑물질 등도 우리가 탄생하는 데 필요했다는 사실이 밝혀졌습니다. 지금부터 그 수수께끼를 풀어가며 어떻게 우리가 이 우주에 태어나게 되었는지 생각해 봅시다.

차례

1

부끄럼쟁이 중성미자

우주는 우로보로스의 뱀

'왜, 우리가 우주에 존재하는가?'라는 질문에 '어쩌면 중성미자와 관련이 있을지 모른다'라고 답해도 아마 독자 대부분은 선뜻 이해하지 못할 것 같습니다. 개중에는 대체 무슨 소리냐는 독자도 있을지 모르겠네요.

　본론으로 들어가기 전에 우선 이 우주의 크기에 대해 생각해 봅시다. 우리가 일상적으로 사용하는 것, 예를 들면 노트나 펜 같은 것은 대략 몇 센티미터, 우리 키는 1~2미터 정도입니다. 자, 이제 점점 그 규모를 키워 봅시다. 역이나 백화점 같은 건물은 수십 미터, 도쿄 타워나 도쿄 스카이트리 정도 되면 수백 미터, 후지산이나 에베레스트 같은 커다란 산은 수천 미터가 됩니다. 지구의 지름은 약 1만 3,000킬로미터, 지구에서 태양까지의 거리는 약 1억 5,000만 킬로미터, 태양에서 해왕성까지의 거리는 약

45억 킬로미터. 이렇게 점점 규모가 커집니다.

물론, 우주는 그보다 훨씬 큽니다. 태양계 바깥에는 은하계가 펼쳐져 있고, 은하계 바깥에는 안드로메다 은하를 비롯해 수많은 은하가 모여 은하단을 형성하고 있습니다. 이처럼 넓게 보면 볼수록 우주는 끝없이 펼쳐져 있습니다. 빅뱅에서 방출된 빛이 퍼진 범위는 10^{27}미터 정도이므로 그 이상은 어떻게 되었는지 아직 밝혀지지 않았습니다. 하지만 밝혀진 범위도 계산상으로는 최소와 최대의 차이가 29자리나 될 정도로 우주는 넓습니다.

그런데 우주를 연구하다 보니 큰 것뿐만 아니라 작은 것도 중요하다는 사실을 깨닫게 되었습니다. 이론적으로 큰 것부터 작은 것으로 이동하다 보니 원자, 원자핵, 소립자의 세계로 들어갑니다. 지금의 우주는 우리가 상상하지도 못할 정도로 크지만 과거로 거슬러 올라갈수록, 참 신기하게도 우주는 점점 작아집니다. 그리고 우주가 갓 태어났을 때는 아주 작고 뜨거웠다는 사실도 밝혀졌죠. 그러므로 우주가 어떻게 태어났고 지금의 우주가 되어왔는지를 알기 위해서는 우주가 작았을 때를 알아야 합니다.

크나큰 우주를 제대로 이해하기 위해 작디작은 소립자의 세계를 알아야 하다니 정말 재미있지 않나요? 그리고 이 사실은 그리스 신화에 나오는 우로보로스의 뱀을 떠오르게 합니다. 이 뱀은 자기의 꼬리를 입에 물고 동그란 원을 그리고 있는데, 이는 우주의 조화를 상징한다고 합니다. 뱀의 머리가 우주 전체처럼 크고, 꼬리 쪽이 소립자처럼 작다고 하면, 뱀이 자기 꼬리를 먹는 것처럼 우주 전체와 소립자 세상이 연결될 수 있습니다. 이 부분에 대해서는 아직 밝혀지지 않은 사실이 많기 때문에 세계 곳곳에서 많은 연구자가 관심을 가지고 있습니다.

정체불명의 물질로 가득 찬 우주

또한, 이 우주가 무엇으로 이루어져 있는지도 거의 알려져 있지 않습니다. 2003년에 NASA의 관측위성 더블유맵WMAP에 의해 우리 우주에 어떤 에너지들이 있는지 그 내역을 측정할 수 있게 되었습니다. 이렇게 말하면 우주가 무엇으로 이루어졌는지 밝혀진 것 같죠? 하지만 사실은 그렇지 않습니다. 우주라 하면 우리는 아름다운 별과 은하를 떠올리는데 그것들을 모두 긁어모아도 우주 전체의 0.5% 정도밖에 되지 않습니다. 지금부터 이야기할 중성미자는 0.1~1.5%로 이 역시 우주에서는 소수파에 불과합니다. 그리고 우리 몸을 구성하고 있는 보통 원자로 이루어진 물질은 전체 우주 가운데 4.4%를 차지합니다. 이들을 모두 더해도 5% 정도이니 100%에는 한참 못 미치는군요.

우리는 학교에서 만물은 원자로 이루어져 있다고 배웠지만 이 우주에 있는 원자를 모두 모아도 5%도 되지 않으니 사실은 새빨

간 거짓말이었던 셈입니다. 하루라도 빨리 이 부분에 대한 교과서 기술이 개정되었으면 합니다. 우리는 지금까지 물질이 우주의 중심이라고 생각해 왔습니다. 하지만 그게 아니라 사실 물질은 우주에 아주 조금밖에 없는 소수 집단임이 밝혀진 것입니다.

그렇다면 나머지는 무엇일까요? 아쉽지만 아직 밝혀지지 않았습니다. WMAP의 관측 결과에 따르면, 우주의 23%는 암흑물질이며 73%가 암흑 에너지라고 합니다. 이들을 더하면 감사하게도 100%를 만들 수 있지만 암흑물질이나 암흑 에너지 모두 정체를 밝혀내지 못한 상태입니다. 정체불명의 수수께끼 물질과 에너지라는 가명을 붙여주었을 뿐이죠.

다만 암흑물질은 우주가 시작될 무렵부터 별이나 은하가 어떻게 만들어졌는가 하는 문제와 깊은 관계가 있는 신비한 물질이며, 우리가 왜 존재하는가와도 깊은 관련이 있습니다. 암흑물질의 유력 후보로 중성미자의 친척을 생각해 볼 수 있습니다. 암흑에너지는 이 우주의 미래와 긴밀한 관계가 있습니다. 지금 우주는 점점 팽창하고 있지만 바로 얼마 전까지는 팽창 속도가 점점느려지고 있는 줄 알았습니다. 그런데 팽창 속도를 자세히 조사해 보니 이상하게도 점점 빨라지고 있다는 사실을 알게 되었습니다. 그리고 이 우주의 팽창 속도를 높이는 원인이 암흑 에너지가 아닐까 추측하고 있습니다.

중성미자가 넘쳐나는 우주

이처럼 우주의 구성 요소로 보면 중성미자는 전체 에너지의 0.1 ~1.5%밖에 되지 않아 전체 우주에 관여한 정도가 낮아보입니다. 하지만 다른 시각으로 보면 어떨까요? 앞에서 말한 우주의 구성 요소는 에너지에 관한 것이었는데 이번에는 입자의 수를 비교해 보겠습니다.

에너지 면에서는 우주 전체의 약 4분의 1을 차지하던 암흑물질이지만, 입자 수 측면에서는 $1m^3$당 100만 분의 1개 정도일 것으로 추측됩니다. 그런데 중성미자는 $1m^3$당 300개나 존재합니다.

물질을 만드는 입자의 수로 세어보니 이 우주에는 중성미자가 가장 많았습니다. 우리 몸을 만드는 양성자, 중성자, 전자 등은 중성미자의 10억 분의 1에 불과합니다. 이 우주는 사실 중성미자가 넘쳐났습니다. $1m^3$당 300개나 있다는 것은 우주 어디를 가더라도 중성미자가 존재한다는 것을 뜻합니다. 게다가 중성미자는 태양 같은 별로부터 대량으로 방출되어 1초 동안 수백 조 개나 되는 양이 우리의 몸을 통과합니다. 그렇게 방대한 수의 중성미자가 통과하고 있음에도 불구하고 우리는 중성미자를 느낄 수 없고 본 적도 없으며 만진 적도 없습니다. 대체 어찌 된 일일까요?

사실 중성미자는 대단한 부끄럼쟁이입니다. 우리가 어떤 장소에 입자가 존재한다는 것을 알기 위해서는 입자가 힘에 반응해야 합니다. 양성자나 중성자는 중력에 반응하기 때문에 다른 입자와 충돌하면 그 존재를 감지할 수 있지만 중성미자는 중력이나 전자기력에는 반응하지 않기 때문에 우리 몸을 통과하여 빠져나갑니다. 그러므로 우리는 우리 몸을 통과하고 있는 중성미자를 느끼지 못한 채 생활하고 있는 것입니다.

그렇다면 어떻게 하면 중성미자의 존재를 알 수 있을까요? 가장 간단한 방법은 물질을 많이 두는 것입니다. 같은 역의 플랫폼이라 할지라도 아침의 출근 시간과 점심 때의 한산한 시간대는 분위기가 다릅니다. 출근 시간은 사람들로 붐비기 때문에 급한데도 앞으로 나가지 못하는 경우가 종종 있습니다. 붐비면 조심해서 걸어도 사람들과 부딪히게 됩니다.

이와 마찬가지로 한 장소에 많은 물질을 두면 간혹 한 개 정도는 중성미자가 부딪혀 줍니다. 시험 삼아 태양에서 방출되는 중성미자를 포착하기 위해 얼마만큼의 납덩어리를 두면 중성미자가 충돌하는지 계산해 보았습니다. 자, 어떤 결과가 나왔을까요? 답은 덩어리 수준의 만만한 양이 아니었습니다. 납을 무려 3광년 정도의 두께로 쌓았을 때 겨우 한 번, 확실히 부딪히는 것입니다. 3광년이라는 것은 빛이 초속 30만 킬로미터의 속도로 3년 동안 진행하는 거리를 말합니다. 대개 이웃한 별까지의 거리에 해당하죠. 그 정도의 납은 지구상에 존재하지도 않고 쌓을 수도 없지만,

왜, 우리가 우주에 존재하는가?

중성미자는 그만큼 부끄럼쟁이라 웬만해서는 다른 사물과 반응하지 않고 그 존재 자체를 알 수 없는, 유령 같은 소립자입니다.

원자의 세계를 탐구하다

우리의 몸을 포함해 우리 주변에 있는 물질은 모두 원자로 이루어져 있습니다. 원자를 자세히 보면 한가운데 작은 원자핵이 있고 그 주위를 전자가 도는 구조로 되어 있습니다. 이 구조는 종종 태양계의 구조에 비유되고는 합니다.

원자 내부의 모습을 알게 된 것은 1890년대 후반입니다. 1897년에 영국의 조지프 존 톰슨Joseph John Thompson은 형광등처럼 거의 진공 상태인 유리관의 양극에 고압의 전류를 걸었을 때 발생하는 음극선의 정체가 작은 입자들임을 발견하고 전자라고 명명했습니다.

음극선 같은 방전 현상 외에 고온의 물체에서 전자가 튀어나오는 현상이나 금속에 빛을 쏘았을 때 전자가 튀어나오는 광전효과 같은 현상이 발견되면서 원자 안에 전자가 포함되어 있음을 알게 되었습니다.

전자는 음전기를 띤 작은 입자였습니다. 이 전자를 포함하고 있는 원자는 대부분이 전기적으로 중성이었기 때문에 원자 안에는 양전기를 띠는 것도 있을 거라고 추측하게 되었습니다. 이때,

원자 내부에 대해서는 두 개의 설이 제기되었습니다.

하나는 머핀에 콕콕 박힌 건포도처럼 원자 안에 전자가 분산되어 있는 건포도 머핀 모델plum pudding model. 두 번째가 태양계의 행성처럼 양전기를 띤 핵의 주위를 전자가 도는 태양계 모델입니다. 이 두 모델은 크게 대립했지만 1911년에 결론이 났습니다. 영국의 어니스트 러더퍼드Ernest Rutherford가 금박에 알파선을 쏘는 실험을 했을 때, 대부분의 알파선은 금박을 통과했는데 어쩌다가 튕겨 나오듯 크게 휘는 것이 있었습니다.

알파선의 정체는 헬륨의 원자핵이므로 전자보다도 무겁고 양전기를 띠고 있습니다. 러더퍼드의 실험에서 유추할 수 있는 것은 원자 내부는 거의 비어있는데 한가운데 심 같은 핵이 있는 모습이었습니다. 즉 두 개의 모델 가운데 태양계 모델이 맞다는 결론이 내려지게 되었습니다.

또한 1919년에 러더퍼드는 질소가스에 알파선을 충돌시켜 질소 원자를 산소 원자로 바꾸는 실험에도 성공했습니다. 이때 양전기를 가진 새로운 입자를 발견했는데 그것이 양성자였습니다. 이 발견으로 원자핵에서 양전기를 유발하는 것의 정체가 양성자임을 알게 되었습니다.

사라진 에너지

이 시기 조금 전에 방사선이 발견되었습니다. 방사선이 처음 발견된 것은 1896년으로 프랑스의 앙투안 앙리 베크렐Antoine Henri Becquerel이 발견했습니다. 1898년에 러더퍼드가 방사선에는 세 종류가 있음을 깨닫고 각각 알파선, 베타선, 감마선이라 명명했습니다. 조사 결과 베타선의 정체는 전자임이 밝혀졌습니다.

그런데 베타선에 대해 더 자세히 조사하여 베타선이 방출되기 전과 후의 전체 에너지를 비교해 보니 베타선이 방출된 후의 에너지가 줄어든 것처럼 보였던 것입니다. 우리가 학교에서 배우는 물리법칙 중에 에너지 보존의 법칙이 있습니다. 이는 반응 전의 상태 에너지를 모두 더한 것과 반응 후의 상태 에너지를 모두 더한 값은 같다는 것으로 물리학에서 기본 중의 기본이라 할 수 있는 법칙입니다.

그럼에도 불구하고 베타선을 방출하는 베타 붕괴는 이 에너지 보존 법칙이 지켜지지 않고 반응 후에 에너지가 감소하여 에너지의 일부가 어디론가 사라지는 이상한 현상이 일어났던 것입니다. 이런 현상에는 당시의 물리학자들도 당황하고 말았습니다. 왜 이런 일이 일어난 걸까, 아무도 알 수 없었던 것입니다. 양자역학의 기초를 확립한 닐스 보어Niels Bohr조차 "원자핵은 너무 작아서 우리의 상상을 초월한 세계일지도 모른다. 어쩌면 에

31

너지라는 것은 사실 보존되지 않는 게 아닐까"라고 말할 정도였습니다.

파울리의 예언

이런 상황에서 유일하게 모두와 다른 생각을 하는 사람이 있었습니다. 바로 볼프강 파울리Wolfgang Pauli였죠. 파울리는 '분명히 에너지가 감소한 것처럼 보이지만 이건 분명 겉보기만 그럴 뿐, 사실은 에너지가 보존되고 있음이 틀림없다'라는 가설을 세웠습니다.

이때 그가 주장한 것은 '사실은 보이지 않는 입자가 존재한다'는 것이었습니다. 베타선이 방출되기 전과 후는 에너지가 보존되지 않은 것처럼 보이지만 사실은 보이지 않는 입자가 발생하였고, 그것이 도망을 쳤기 때문에 보이는 부분을 더해봤자 에너지가 부족한 것처럼 보이는 것이라는 설명이었습니다.

우리의 눈에도 파울리의 가설은 대단히 획기적으로 비치지만 당시로서는 파격적이랄까, 지금까지의 금기에 도전장을 내미는 것이었습니다. 설명할 수 없는 현상의 원인을 아무도 본 적 없는 입자에서 찾는다면, 어떤 말인들 못 만들어 내겠습니까? 이는 확실한 근거 없이는 받아들이기 어려운 것이었습니다. 당연히 파울리의 가설에 대한 평가는 좋지 않았죠.

파울리 자신도 자신의 가설에 대한 평가가 좋지 않다는 사실을 잘 알고 있었던 듯, 실제로 "아무도 본 적 없는 입자라는 설명은 고육지책이었다"라고 해명했습니다. '보이지 않는 입자'라고 말은 했지만 왠지 꺼림칙했던 거겠죠. "이 입자는 아무리 열심히 실험해도 포착할 수 없기 때문에 '포착할 수 없다'에 샴페인 한 상자를 걸겠다"라고 말했다는 일화도 전해지고 있습니다.

이 가설을 세웠을 때, 파울리는 이 보이지 않는 입자에 이름을 붙였습니다. 이 입자는 전기적으로 중성일 것으로 예상되었기 때문에 중성자라고 불렀습니다. 그런데 파울리가 가설을 세운 2년 뒤인 1932년에 영국의 제임스 채드윅Sir James Chadwick이 원자핵 내부에 양성자 외에 또 다른 입자가 있다는 사실을 발견했습니다. 그것도 중성의 입자였기 때문에 채드윅은 그 입자를 중성자라 명명하고 말았습니다. 당시에는 상표등록 같은 것도 없었기 때문에 파울리가 먼저 이름을 지었지만 실제로 새로운 입자를 발견한 채드윅에게 중성자라는 이름을 빼앗기고 말았습니다.

여러분은 아직 발견되지 않은 입자인데 이름을 빼앗긴 게 대수냐고 생각할지도 모르지만 아주 곤란해진 사람이 한 명 있었습니다. 이 눈에 보이지 않는 새로운 입자에 관한 이론을 아주 열심히 연구하던 이탈리아인 과학자, 엔리코 페르미Enrico Fermi가 바로 그 주인공입니다.

부끄럼쟁이 중성미자

그는 파울리가 예언한 입자를 연구해 논문을 쓸 계획이었는데 입자의 이름이 없어지면 불가능한 일이 됩니다. 그래서 그는 새로운 이름을 붙이기로 했습니다. 그래서 생각해 낸 것이 중성미자뉴트리노라는 이름이었습니다. 중성자는 영어로 뉴트론neutron이라고 합니다. 여기에 '작은 것'이라는 뜻의 이탈리아어 접미사인 이-노를 붙여 뉴트리노라 명명했습니다. 이탈리아 말로 아기를 '밤비노'라 부르는 것은 알고 있을지도 모르겠군요. 뉴트리노라는 이름은 중성자처럼 '전기적으로 중성이며 아주 작은 입자'라는 뜻이 되는 것입니다.

원자력발전소에서 발견된 유령의 정체

파울리가 예언한 보이지 않는 입자는 다행히도 중성미자라는 이름을 얻었지만 이 입자는 파울리 본인 역시 실험을 거듭해도 발견할 수 없을 거라고 생각했을 정도로 찾기 어려운 존재였습니다. 아무튼 중성미자는 부끄럼쟁이라서 좀처럼 포착하기 어렵기 때문입니다.

그런데 역시 실험가들은 훌륭한 존재인지라 아주 열심히 실험을 해서 중성미자를 발견하는 데 성공했습니다. 중성미자를 발견한 이는 바로 미국의 프레더릭 라이네스Frederick Reines와 클라이드 카원Clyde Cowan이었습니다.

우선 이 둘은 어떻게 하면 중성미자를 포착할 수 있을까에 대해 생각했습니다. 중성미자는 베타 붕괴를 통해 예언된 것이기 때문에 원자폭탄 실험을 하는 장소 옆에서 실험을 하면 좋지 않을까 생각했습니다. 하지만 검토 과정에서 원폭 실험 주변은 위험했기 때문에 대신 원자력발전소 옆에서 실험을 하기로 했습니다.

앞에서도 여러 차례 얘기했지만 중성미자는 대부분의 물질을 통과하는 유령 같은 입자입니다. 둘은 이 중성미자를 찾는 실험 장치에 유령이 관련된 심령현상을 뜻하는 폴터가이스트라는 이름을 붙였습니다. 이 이름이 좋았던 것인지는 모르겠지만, 둘은 1954년에 처음으로 중성미자가 정말로 존재한다는 증거를 포착했습니다.

중성미자가 발견된 순간, 둘은 기뻐하며 파울리에게 '우리가 중성미자를 포착했습니다'라고 전보를 쳤습니다. 파울리는 전보를 받고 샴페인 한 상자에 상당하는 수표를 보내주었다고 합니다. 파울리가 중성미자 가설을 발표한 후 실제로 발견되기까지 24년이라는 세월이 걸렸습니다.

부끄럼쟁이 중성미자

2

소립자의
세계

수많은 소립자로 이루어진 우주

이 우주를 자세히 보면 소립자로 이루어져 있음을 알 수 있습니다. 물론 중성미자도 소립자의 한 종류입니다. 소립자에 대한 얘기를 조금만 하고 넘어갈까요? 앞 장에서 원자의 내부에서는 원자핵 주변을 전자가 돌고 있다고 했습니다. 원자의 크기는 100만분의 1밀리미터약 10^{-10}미터 정도라서 우리 입장에서는 아주 작게 느껴지지만 원자핵이나 전자는 더 작습니다. 원자 한가운데에 있는 원자핵의 크기는 전자의 10만 분의 1밖에 되지 않습니다. 원자가 지구만 하다고 하면 원자핵은 야구장 정도입니다. 그리고 그 주변을 야구공보다 작은 전자가 돌고 있습니다. 원자핵도 전자도 원자와 비교하면 아주 작은데 조합했을 때 원자의 크기가되는 까닭은 원자핵의 주변을 전자가 돌고 있기 때문입니다. 그러므로 원자는 안이 꽉 찬 것처럼 보이지만 사실은 휑합니다.

원자 내부에서 전자와 원자핵이 발견됨으로써 소립자의 세계는 아주 작아졌습니다. 지구 정도의 크기를 대상으로 삼는데 갑자기 야구장이나 야구공으로 바뀌었으니 관찰하는 데 상당한 어려움이 생긴 겁니다. 전자는 더 이상 쪼갤 수 없는 입자지만 원자핵은 그 내부에 양성자와 중성자가 들어 있었습니다. 뿐만 아니라 양성자와 중성자를 조사하다 보니 쿼크로 이루어져 있다는 사실도 알게 되었습니다.

양성자와 중성자는 무게나 크기는 거의 비슷하지만 양성자는 양전하를 가지고 있는 데 반해 중성자는 전기적으로 중성입니다. 이 차이가 어디서 비롯된 것이냐 하면 바로 쿼크의 조합입니다. 양성자와 중성자 모두 위 쿼크와 아래 쿼크로 이루어져 있습니다. 양성자는 두 개의 위 쿼크와 한 개의 아래 쿼크로 이루어져 있는데, 중성자는 위 쿼크 한 개와 아래 쿼크 두 개로 이루어져 있습니다. 우리에게는 쿼크 하나가 다를 뿐인 작은 차이처럼 느껴지지만 그 하나의 차이로 인해 전하가 만들어지느냐 그렇지 않느냐라는 큰 차이가 생깁니다.

우리 주변의 물질을 일일이 분해하면 전자, 위 쿼크, 아래 쿼크의 세 가지 소립자로 귀결됩니다. 그렇다면 이 우주가 이 세 가지 소립자만으로 이루어졌느냐 하면 그렇지는 않습니다. 우리 몸을 만드는 원자를 분해해 가면 이 세 종류의 소립자가 나오는

데, 우주에서는 그 밖에도 많은 소립자가 발견되었습니다. 간단
히 그 역사를 정리해 봅시다.

쿼크로 이루어진 양성자와 중성자

최초로 발견된 소립자는 앞 장에서도 언급했지만 전자입니다.
1897년이었습니다. 그리고 1937년에 뮤온muon이라는 입자가 발
견되었습니다. 이 뮤온은 우주에서 오는 고에너지 방사선인 우
주선宇宙線이 공기 중의 산소 분자나 질소 분자 등과 충돌하면서
생기는 수많은 입자 속에서 발견되었습니다. 발견된 것은 좋았
는데, 이 뮤온이 무엇에 쓰이는지 알 수가 없었습니다. 전자처
럼 음전하를 갖고 성질도 전자와 아주 흡사한데 무슨 이유에서
인지 무게가 전자의 200배나 되었습니다. 원자 내부에서 소용되
는 것도 아니고 왜 무게가 전자의 200배나 되는지 알 수 없어 많
은 물리학자들은 곤혹스러웠습니다. 너무 곤혹스러워 대체 이런
걸 누가 주문했냐며 화를 내는 사람도 있었을 정도였습니다. 결
국 뮤온은 무겁지만 전자와 아주 흡사하다는 이유로 전자의 형
제 입자로 여겨지게 되었습니다.

그 다음에 발견된 것이 1954년에 발견된 중성미자입니다. 우
리는 일반적으로 중성미자라고 부르지만 사실 이 명칭은 정확하
지 않습니다. 연구 과정에서 중성미자에는 세 종류가 있다는 사

41

실이 밝혀졌습니다. 1962년에는 성질이 아주 비슷한 두 번째 중성미자인 뮤우mu 중성미자가 발견됩니다. 참고로 처음에 발견된 중성미자의 정확한 명칭은 전자 중성미자입니다. 세 번째 중성미자는 좀처럼 발견되지 않았는데 여기에 대해서는 나중에 다시 얘기하도록 하죠.

또 1964년에는 미국의 물리학자인 머리 겔만Murray Gell-Mann과 조지 츠바이크George Zweig가 양성자나 중성자 같은 입자가 쿼크로 만들어져 있다는 것을 예언하는 쿼크 모델을 발표했습니다. 쿼크라는 이름은 겔만이 붙인 것입니다. 그는 아일랜드의 소설가 제임스 조이스의 『피네간의 경야』에 등장하는 새의 울음소리를 따 이렇게 이름을 지었다고 합니다. 당시 쿼크에는 세 종류가 있을 것으로 추측되었습니다. 소설 속에서 새가 '쿼-크' 하고 세 번 우는 장면이 묘사된 것에 근거했다는 설도 있습니다.

세 종류의 쿼크에는 '위up, 아래down, 기묘한strange'이라는 이름이 붙여졌습니다. 위와 아래는 양성자나 중성자를 만드는 요소인데, 기묘한 쿼크는 무엇에 쓰이는지 설명할 수 없었던 물리학자들은 난감했습니다. 다만 아주 기묘했기 때문에 '기묘한'이라는 뜻의 strange라고 부르기로 한 것입니다.

전자와 뮤온의 관계처럼 이 기묘한 쿼크와 아래 쿼크는 완전히 똑같은 성질을 갖기 때문에 전자와 뮤온처럼 형제 관계로 여겨졌습니다. 유일하게 무게만 달랐는데 기묘한 쿼크가 더 무겁습니다.

소립자는 모두 삼형제

이런 발견이 잇따르자 이유는 알 수 없지만 소립자로 여겨지는 전자, 중성미자, 쿼크는 모두 형제가 존재하는 게 아닐까 예상하게 되었습니다. 당시 전자와 뮤온 형제, 전자 중성미자와 뮤우 중성미자 형제, 아래 쿼크와 기묘한 쿼크 형제 등 위 쿼크 외에는 형제 소립자가 발견된 상태였습니다. 그러자 당연히 위 쿼크에도 아직 발견되지 않은 형제가 있을 것이고 쿼크는 모두 네 종류일 것이라는 분위기가 형성되었던 것입니다.

그러던 중 2008년에 노벨 물리학상을 수상하게 되는 고바야시 마코토小林誠 박사와 마스카와 도시히데益川敏英 박사가 전 세계의 물리학자들을 깜짝 놀라게 할 만한 이론을 발표합니다. 내용은 아래 쿼크와 위 쿼크는 각각 형제가 셋이며 쿼크는 모두 여섯 종류라는 것이었습니다. 이 이론은 고바야시-마스카와 이론이라 불리게 되었는데, 왜 이들은 쿼크가 형제가 아닌 삼형제라고 생각했던 걸까요?

한마디로 하면 형제와 삼형제는 형성되는 세계가 다르기 때문이라는 것입니다. 예를 들어 어떤 도형을 거울에 비추면 좌우가 반대로 보입니다. 이런 현상을 대칭성이라고 하는데 쿼크에도 이런 대칭성이 필요하며 이 대칭성을 만들기 위해서는 세 개 이상의 쿼크 형제가 존재해야 한다는 이론에 다다르게 된 것입니다. 상세한 것은 이번 장의 마지막 부분에서 설명하도록 하겠습니다.

1973년에 고바야시-마스카와 이론이 발표된 후, 새로운 소립자를 찾기 위해 수많은 실험이 진행되었습니다. 그리고 1974년에 위 쿼크의 형제인 맵시$_{charm}$ 쿼크가 발견되었고, 1975년에는 전자의 새로운 형제인 타우$_{tau}$ 입자가 발견되었습니다. 전자도 그 전까지는 형제였는데 이 발견으로 전자, 뮤온, 타우 삼형제가 되었습니다. 이 발견으로 인해 소립자의 세계는 어떤 종류든 삼형제일 가능성이 높아졌습니다.

1977년에 아래 쿼크 형제의 막내인 바닥$_{bottom}$ 쿼크가 발견되었습니다. 이 바닥 쿼크의 발견으로 바닥 쿼크와 아래 쿼크, 기묘한 쿼크는 삼형제가 되었고 고바야시-마스카와 박사의 주장대로 아래 쿼크와 위 쿼크도 분명 삼형제일 거라는 이론을 믿을 수 있게 된 것입니다.

그런데 마지막 남은 위 쿼크의 형제 가운데 막내가 좀처럼 발견되지 않았습니다. 1970년대부터 찾기 시작해 1995년에서야 겨우 발견된 그 형제한테는 꼭대기$_{top}$ 쿼크라는 이름이 붙여졌습

왜, 우리가 우주에 존재하는가?

니다. 꼭대기 쿼크는 전자보다 34만 배나 무거운, 다른 쿼크에 비해 무게의 차원이 다른 입자였습니다. 무거운 소립자를 발견하려면 엄청난 양의 에너지가 필요합니다. 때문에 20년 이상의 긴 시간이 걸리고 말았습니다.

1998년에 중성미자의 세 번째 형제인 타우 중성미자가 발견되었습니다. 나고야대학교와 미국 페르미국립가속기연구소 공동 연구팀이 초대형 사진건판을 사용해 타우 중성미자를 포착하는 데 성공했습니다. 중성미자는 부끄럼을 많이 타기 때문에 포착하기가 어려운데, 그중에서도 타우 중성미자는 특히 더 그렇습니다. 이론적으로 그 존재를 알고는 있었지만 좀처럼 실제로 증거를 제시하지 못했기에 이 발견은 대단히 큰 발견이 되었습니다.

소립자에 맛이 있다고?

결국 고바야시 박사와 마스카와 박사의 예언대로 쿼크는 위 쿼크의 형제와 아래 쿼크의 형제가 각각 세 개씩 발견되었습니다. 위 쿼크 계열은 $+\frac{2}{3}$의 전하를 갖고 아래 쿼크 계열은 전하가 $-\frac{1}{3}$이 됩니다. 이 두 계열은 무게에 따라 세 개의 세대로 나눌 수 있습니다. 가장 가벼운 위와 아래 쿼크는 1세대, 그 다음인 맵시와 기묘한 쿼크가 2세대, 가장 무거운 꼭대기와 바닥 쿼크가 3

세대입니다. 또한 전자와 중성미자들도 무게에 따라 쿼크처럼 3세대로 나눌 수 있습니다. 역시 가장 가벼운 전자와 전자 중성미자가 1세대, 그 다음으로 무거운 뮤온과 뮤우 중성미자가 2세대, 가장 무거운 타우와 타우 중성미자가 3세대입니다.

전자와 중성미자 형제들은 쿼크와 구별하기 위해 가벼운 입자라는 뜻의 경입자lepton라고 부릅니다. 쿼크와 경입자 모두 세 개의 세대로 나뉘어 있고 각각의 세대에 두 종류씩 소립자가 존재합니다. 소립자의 세계에 이러한 질서가 있다는 것은 놀라운 일입니다. 다만, 왜 이러한 질서가 존재하는가에 대해 아직 완전히 밝혀지지는 않았습니다. 이러한 질서가 존재한다는 것 자체가 무척이나 신기할 따름이죠.

지금까지 한 이야기를 정리하면 쿼크와 경입자는 3세대로 나뉜 열두 종류의 입자가 있습니다. 이 종류의 차이를 플레이버flavor 또는 맛이라고 합니다. 플레이버라는 단어는 아이스크림 가게 같은 곳에서 흔히 들을 수 있는데, 식품의 향이나 식감을 종합적으로 표현할 때 사용합니다. 소립자의 경우는 향이나 식감이 있는 건 아니지만 쿼크나 경입자의 성질의 차이를 플레이버라고 표현합니다.

입자의 캐치볼 – 힘

방금 등장한 쿼크와 경입자는 모두 물질의 형태를 만드는 데 관계되는 소립자이며 이들을 묶어서 페르미온Fermion이라 부르고 있습니다. 사실은 페르미온 외에도 소립자 친구들은 더 있습니다. 바로 보손Boson이라 불리는 소립자들입니다.

페르미온이 물질을 만드는 소립자인 데 반해 보손은 힘을 만드는 소립자입니다. 소립자의 세계에서는 힘도 소립자로 표현되거든요. 평소에 눈으로 볼 수 없는 힘이 사실은 입자였다니, 놀라운 사실이죠? 우리는 일상생활 속에서 마찰력, 원심력, 표면장력, 수직항력 등 다양한 힘을 접하고 있습니다. 그렇기 때문에 힘에는 많은 종류가 있다고 생각하기 쉽지만 잘 정리해 보면 이 우주에 존재하는 힘은 전자기력, 강한 힘, 약한 힘, 중력 등 네 가지 종류가 전부입니다. 그리고 각각의 힘에는 그 힘을 전달하는 소립자가 있습니다.

우선, 전자기력은 광자에 의해 전달됩니다. 광자란 빛이 입자화한 모습인데요, 빛은 파동처럼 행동할 때와 입자처럼 행동할 때가 있습니다. 뉴턴 시대부터 빛은 파동일까 입자일까를 두고 논쟁이 있었습니다. 빛은 파동처럼도 보이고 입자 같은 성질도 보이기 때문에 대체 어느 쪽일까 많은 사람을 고민하게 만들었습니다.

47

하지만 아주 자세히 조사해 보니, 우리 눈에 보이는 빛은 파동처럼 행동하는데 미시적 세계에서는 입자적 성질이 강해진다는 것을 알게 되었습니다. 결국 빛은 파동과 입자의 얼굴을 모두 가지고 있었던 것입니다. 그래서 이 빛이 입자로서 행동하는 광자는 전자기력을 전달하는 입자의 역할을 한다는 것도 알게 되었습니다. 예를 들어 자석이 못을 끌어당기는 경우에도 미시적 관점에서 보면 자석과 못 사이에서 캐치볼하듯 광자를 주고받음으로써 전자기력이 발생하게 되는 것입니다.

강한 힘과 약한 힘은 이름만 들어도 누구나 그 정체를 알 수 있을 거라 생각합니다. 이 두 힘은 정확히는 강한 핵력, 약한 핵력이라고 합니다. 핵이라는 것은 원자핵을 말하는데, 조금 더 자세히 설명하자면 이들 힘은 원자핵 안에서 작용하는 강한 힘과 약한 힘을 의미합니다.

강한 힘도 약한 힘도 원자핵의 지름보다도 짧은 거리에서만 움직이기 때문에 우리는 대개 느낄 수가 없습니다. 하지만 확실히 존재하고 있고 우리의 존재와도 긴밀한 관련이 있습니다.

강한 힘의 이론을 처음으로 만든 것은 유카와 히데키湯川秀樹 박사입니다. 유카와 박사는 제임스 채드윅이 중성자를 발견했을 때 양성자와 중성자가 원자핵 안에 들어 있는 것에 큰 의문을 느꼈습니다. 양전하를 갖는 양성자와 전하가 없는 중성자가 어떻게 분리되지 않고 원자핵을 만들 수 있을까 의구심을 가졌던 것입니다.

1930년대 당시에 알려져 있던 힘은 중력과 전자기력뿐이었습니다. 원자핵 안에서는 여러 개의 양성자와 중성자가 결합되어 있었습니다. 양전하를 갖는 양성자와 전하를 갖지 않는 중성자가 결합되어 있는 것 자체가 신기한데, 더 신기한 것은 음전하가 없는데 양전하를 갖는 양성자끼리 서로 밀쳐내지 않고 한 곳에 모여 있다는 점입니다.

유카와 박사는 전자기력 외에 원자핵 안에서 양성자와 중성자를 밀착시키는 힘이 작용하지 않으면 원자핵을 유지할 수 없다고 생각하고 그 힘의 정체를 밝히려고 했습니다. 당시, 중력의 정체는 아직 알려지지 않았으나 전자기력의 정체가 광자라는 사실은 밝혀진 상태였습니다. 유카와 박사는 원자핵 안에서 양성자와 중성자를 결합시키는 힘에도 이 사실을 적용해 보기로 했습니다. 즉 양성자와 중성자 사이에서 어떤 입자를 주고받음으로써 힘이 작용한다고 생각한 것입니다.

유카와 박사가 처음에 생각한 것이 전자가 양성자와 중성자를 결합시키는 힘을 만든다는 모델이었습니다. 그런데 계산해 보니 전자는 양성자와 중성자를 결합시킬 만한 정도의 힘이 없다는 것을 알게 되었습니다. 그 다음에 생각한 것이 파울리가 예언한 중성미자를 활용하는 방법이었습니다. 정확히 말하면 유카와 박사는 중성미자의 반입자인 반중성미자를 이용합니다.

유카와 박사는 이탈리아 출신 물리학자인 엔리코 페르미가 1933년에 쓴 논문을 읽습니다. 내용은 양성자와 중성자가 전자와 중성미자혹은 반중성미자를 교환함으로써 서로 교체될 수 있다는 것이었습니다. 이 논문을 힌트 삼아 유카와 박사는 전자와 반중성미자라는 두 개의 입자를 사용해 양성자와 중성자를 결합시킬 수 있지 않을까 생각하게 되었습니다. 하나가 아니라 두 개를 사용하면 큰 힘을 만들 수 있을 거라는 발상이었죠. 그런데 이 실험도 실패로 끝나고 말았습니다. 전자와 반중성미자 커플은 양성자와 중성자를 결합시킬 정도의 힘을 발생시키지 못한 것입니다.

강한 힘의 정체

당시는 아직 쿼크도 경입자도 거의 발견되지 않은 시대였습니다. 알려진 입자로 양성자와 중성자를 결합시킬 수 없었기 때문에 유카와 박사는 아직 발견되지 않은 입자로 그 힘을 만들 수 있지 않을까 생각했습니다. 양성자와 중성자를 결합시키는 힘은 그다지 멀리까지 작용하지 못합니다. 힘이 미치는 거리부터 계산해 가니, 전자의 200배 정도의 무게를 갖는 입자가 있으면 필요한 힘을 만들 수 있음을 알게 되었습니다. 이 무게는 양성자와 전자의 중간이므로 중간자라는 이름을 얻었고, 유카와 박사의 이론은 중간자론이라 불리게 되었습니다.

유카와 박사가 중간자론을 발표한 1930년대는 미국과 유럽의 연구자들이 물리학계를 주도하는 상황이었습니다. 또한 이론보다 실험이 중시되는 시대이기도 했고 아직 발견되지 않은 입자를 상정하는 이론은 거의 받아들여지지 못했습니다. 과학잡지들은 유카와 박사의 논문 게재를 거부하거나 양자역학의 기초를 만든 거장 닐스 보어로부터 '당신은 새로운 입자가 그렇게도 좋으냐'는 핀잔을 듣기도 하며 거의 무시를 당했습니다.

유카와 박사 입장에서 보면 중간자론을 제안한 것은 단순히 순간적인 영감이 아니라 이미 알려진 입자를 충분히 검토하여 도달한 결과이기 때문에 반드시 존재할 거라는 확신이 있었습니다. 사카타 쇼이치坂田昌一 박사, 다니카와 야스타카谷川安孝 같은 일본인 연구자들의 도움으로 중간자론은 발전을 거듭해 유카와 박사의 예언으로부터 12년이 지난 1947년에 중간자파이중간자가 발표되었습니다.

이 파이중간자는 양성자와 중성자를 결합시킨 것처럼 보였으나 이후의 연구를 통해 양성자, 중성자는 세 개의 쿼크로 이루어져 있고 중간자는 쿼크와 반쿼크로 이루어진다는 사실이 밝혀졌습니다. 그리고 쿼크끼리 혹은 쿼크와 반쿼크를 밀착시키는 것

소립자의 세계

은 강한 힘이었습니다.

강한 힘을 만드는 것은 글루온gluon이라는 입자였습니다. 글루온의 '글루'는 풀접착제이라는 뜻이고 '온'은 입자를 나타내는 접미사이므로 글루온을 번역하면 '풀입자'가 되겠네요. 강한 힘은 쿼크나 반쿼크를 좁은 곳에 밀착시켜 떨어지지 않게 한다는 이미지가 있기 때문에 그 힘을 매개하는 입자에 '풀'이라는 이름을 붙였을 것입니다.

약한 힘의 정체

한편, 약한 힘은 중성미자와 아주 깊은 관계가 있습니다. 원자가 베타선을 방출하는 베타 붕괴는 자세히 살펴보니 중성자가 양성자로 변하여 전자와 중성미자를 방출하고 있었습니다. 이때 전자와 중성미자를 방출하는 원천이 되는 것이 약한 힘입니다. 중성자가 약한 힘을 매개하는 위크보손weak boson이라는 입자를 방출함으로써 양성자로 변해가고 방출된 위크보손이 전자와 중성미자가 된 것입니다.

참고로 중성미자가 4세대도 5세대도 아닌 3세대인 것은 이 위크보손의 일종인 Z보손에 의해 증명되었습니다. Z보손이 붕괴되면 중성미자가 생성됩니다. 이때 Z보손이 붕괴되는 확률을 조사해 보니 중성미자는 2종도 아니고 4종도, 5종도 아닌 3종이라는 사실이 밝혀져 그 종류를 정확히 추적할 수 있게 된 것입니다.

또한 약한 힘은 방사성 물질의 자연붕괴와 관련이 있습니다. 지구 내부는 6000℃나 되는 고온이 유지되면서 액체 금속으로 만들어진 외핵이나 맨틀이 대류하는 내부의 활동을 지탱하는데, 태양으로부터 전달되는 에너지만으로는 이 정도의 온도를 유지할 수 없습니다. 즉 지구 내부로부터 활동을 지탱 가능한 정도의 에너지가 공급되고 있다는 것인데 약한 힘이 이와 관계가 있습니다. 지구 내부에서는 많은 방사성 원자가 자연붕괴를 일으키며 열을 방출하고 있고, 이 열이 내부의 온도를 유지하는 데 사용됩니다.

네 가지 힘의 통일을 위해

지금까지의 내용을 정리하면 힘은 소립자에 의해 전달되며 그런 소립자를 보손이라 합니다. 네 가지 힘 가운데 전자기력은 광자, 강한 힘은 글루온, 약한 힘은 위크보손 등 각각의 힘을 전달하는 보손이 발견되었습니다. 그런데 중력만 발견되지 않았습니다.

중력을 전달하는 보손은 중력자graviton라는 이름은 있지만 아직 발견되지는 않았습니다. 이는 중력의 힘이 다른 세 개의 힘에 비해 현격히 약하다는 것과 관계가 있다고 추측되고 있습니다. 중력자를 발견하는 일은 소립자 물리학의 중요 과제 중 하나인데 스위스 제네바에 있는 유럽입자물리연구소CERN의 거대강입자가속기LHC에서는 중력자의 효과도 관측할 수 있지 않을까 기대되고 있습니다.

지금까지의 얘기를 통해 이 우주는 물질도 힘도 소립자로 이루어져 있음을 알았을 것입니다. 그렇다면 그 다음은 이 우주는 어떻게 만들어져 왔는지 궁금해질 것입니다. 물리학자들은 이를 밝히기 위해 표준이론이라는 것을 만들어 왔습니다.

보손을 설명하면서 이 우주에는 네 가지 힘이 존재한다고 했는데, 물리학자들은 이 네 이론을 하나의 이론으로 설명하기 위해 노력해 왔습니다. 옛날에는 아인슈타인이 당시 알려진 중력과 전자기력을 통일하려 했으나 성공하지는 못했습니다.

그 후 강한 힘과 약한 힘이 발견되었고, 일단 전자기력과 약한 힘이 통일되어 전자기약이론電磁氣弱理論이라는 것이 만들어졌습니다. 그 다음은 여기에 강한 힘을 추가하여 통일장이론統一場理論을 만들려는 움직임이 생겨났습니다. 그런데 통일장이론은 아직 완성되지 않았습니다. 현재는 그 전 단계이며 이 세 가지 힘을 어떻게든 같은 틀로 설명하는 데까지는 도달했습니다. 그리고 그 틀이 표준이론입니다.

이는 오랜 시간 연구를 거듭해 온 결과이며 전자기력과 약한 힘을 통일한 셸던 글래쇼, 압두스 살람, 스티븐 와인버그를 비롯

난부 요이치로, 고바야시 마코토, 마스카와 도시히데 박사 같은 인물들이 표준이론을 만드는 데 크게 공헌했습니다.

이 표준이론의 뼈대가 거의 완성된 것이 1970년대였는데, 그 후 30년 동안 어떤 실험을 해도 모두 표준이론의 예언대로 결과가 나오는 시대가 계속됐습니다. 나는 소립자에 관한 다양한 실험 자료를 수록한 책을 만드는 작업에 참여하고 있는데, 그 책은 분량이 700쪽이나 되고 내용은 숫자로 꽉 차 있지만 모든 숫자가 기본적으로 모두 표준이론에 들어맞는, 아주 성공적인 이론이었습니다.

표준이론에서 쿼크는 3세대 6종의 입자가 존재한다고 되어 있습니다. 이는 앞서 소개한 고바야시-마스카와 이론에서 예언된 것이었죠. 앞에서도 잠깐 언급했지만 고바야시 박사와 마스카와 박사는 왜 쿼크가 3세대 6종이라고 한 것일까요? 사실 이 이론은 쿼크가 3세대 6종임을 나타내려 했던 게 아닙니다. 지금부터 얘기할 CP라는 대칭성이 깨지기 위해서는 3세대 6종의 쿼크가 필요했던 것입니다.

이 둘의 차이는 아주 미묘하지만 대단히 중요합니다. 소립자의 세계에서는 대칭성이라는 말이 자주 등장합니다. 이 대칭성은 종종 거울 속 세계에 비유되고는 하는데, 우리 몸을 거울에 비추면 거울에는 좌우가 반전된 상이 맺힙니다. 소립자의 세계에도 거울에 비춘 것처럼 좌우가 반전된 입자가 존재합니다. 좀 더 자세히 살펴보도록 할까요?

CP대칭성의 깨짐

여러분은 오른쪽과 왼쪽의 본질적인 차이나 의미를 설명할 수 있나요? 물론 어디가 오른쪽이고 어디가 왼쪽인지는 알지만, 본질적인 차이에 대해 물어보면 당황스러울 것입니다. 예를 들어 오른손과 왼손의 차이만 해도 '연필을 쥐고 글씨를 쓰는 게 오른손'이라는 주장도 있을 수 있지만 세상에는 오른손잡이도 있고 왼손잡이도 있습니다.

오른쪽과 왼쪽의 구별은 있지만, 어느 날 갑자기 이 세상이 완전히 좌우가 바뀌어도 대부분의 물리법칙은 바뀌지 않기 때문에 특별히 불편한 것은 없을 것 같습니다. 중력에도 전자기력에도 강한 힘에도 좌우의 개념이 없기 때문에 좌우를 반전시켜도 그에 따른 영향을 받을 일은 없는 것입니다. 사실 소립자 물리학에서는 좌우뿐만 아니라 상하나 전후로 반전시켜도 물리법칙이 변하지는 않고 이렇게 공간을 반전시키는 것을 패리티parity, 반전성 변환이라고 합니다. 그리고 좌우나 상하를 바꿔도 물리법칙에 변화가 없는 것을 패리티 대칭성이라고 부릅니다.

이 패리티 대칭성이 CP대칭성의 P에 해당하는 부분입니다.

그렇다면 C는 무엇을 의미할까요? C는 입자와 반입자의 교체를 말하며 하전공액변환Charge Conjugation이라고 합니다. 이 변환으로 입자를 반전시키면 그 입자에 대응하는 반입자가 됩니다. 즉 C대칭성이 유지되면 입자에서 반입자로 변환할 수 있는 것입니다.

옛날에는 P대칭성은 무한 보존되고 공간을 반전시켜도 물리 법칙 같은 것은 변하지 않는다고 여겨졌습니다. 그런데 소립자에 관한 연구가 발달하면서 이 P대칭성이 보존되지 않는 입자가 발견된 것입니다. 조사 결과, 웬일인지 약한 힘은 P대칭성을 파괴하여 보존되지 않는다는 사실을 알게 되었습니다.

하지만 물리학자 입장에서 보존법칙이 깨지는 것은 그다지 기분 좋은 일은 아닙니다. 그래서 어떻게든 보존법칙을 유지하기 위한 이론을 고안하려는 사람들이 있었습니다. 거기서 나온 것이 P대칭성은 깨진 상태이지만 C대칭성까지 적용하면 제대로 보존된다는 것이었습니다. 이렇게 하면 약한 힘도 다른 세 힘과 마찬가지로 지금까지의 물리법칙에 따르게 된다는 것입니다.

물리학자들도 이로써 한숨 돌리게 되었지만 얼마 지나지 않아 그 생각이 틀렸다는 사실이 밝혀졌습니다.

1964년에 K중간자에서 CP대칭성 깨짐 현상이 발견된 것입니다. 이 현상은 1000분의 1의 확률로 아주 드물게 나타나지만, CP대칭성이 깨졌기 때문에 세계 곳곳에서 큰 술렁임이 있었습니다.

전문가 이외의 사람들이 보기에는 CP대칭성이 깨진 게 뭐 그리 대수냐고 할지 모르지만 이는 자연계의 질서와 관련된 중요한 문제입니다. 자연계의 질서를 되도록 단순한 법칙으로 설명하기 위해서는 가능한 한 대칭성이 보존되는 것이 좋습니다. P대칭성이 깨졌다는 사실을 알고 다소 억지로 CP대칭성을 고안해 냈는데 그 CP대칭성이 깨진 것입니다. 그런데 이게 왜 문제가 되느냐 하면 이를 설명하기 위한 다른 질서나 법칙이 추가로 필요하기 때문입니다.

고바야시-마스카와 이론의 등장

그 위기를 극복한 것이 고바야시-마스카와 이론이었습니다. 이 이론은 쿼크가 3세대 6종이면 CP대칭성의 깨짐을 설명할 수 있다고 한 것입니다. 이때 의문이 하나 생기는데, 왜 쿼크가 3세대이면 CP대칭성의 깨짐을 설명할 수 있는가입니다. 간단히 설명할 수 있는 문제는 아니지만, 요점을 말하면 2세대가 아닌 3세대라는 점이 아주 중요합니다.

예를 들어 공간에 점을 두 개 두었을 때는 그 점을 연결하면 직선밖에 그릴 수 없습니다. 그런데 세 개라면 삼각형 같은 평면도형을 그릴 수 있는 것입니다. CP대칭성은 소립자에 나타나는 대칭성의 일종입니다. 예를 들어 C대칭성일 때 나타나는 반입자는 입자를 선대칭처럼 뒤집은 것입니다. CP대칭성도 뒤집었을 때 원래의 입자와 구별되지 않으면 대칭성이 보존된다고 말할 수 있지만 구별이 되면 대칭성이 깨진 게 됩니다.

점이 두 개인 경우, 그 둘을 이어 만들어지는 직선은 뒤집어도 똑같아 보이므로 구별되지 않아 대칭성이 보존되는 상태가 됩니다. 그런데 점이 세 개가 되면 직선뿐 아니라 삼각형도 만들 수 있습니다. 삼각형은 이등변삼각형이나 정삼각형 같은 특수한 것을 제외하면 대부분은 대칭성이 없습니다. 즉 삼각형을 하나의 대칭축을 따라 뒤집어도 겹치지 않고 원래의 도형과 구별이 되고 맙니다. 다시 말해 이런 경우는 대칭성이 보존되지 않는 경우입니다.

대략적으로 말하면 CP대칭성도 이와 비슷한 현상이 일어납니다. 쿼크가 2세대 4종이면 직선만 그릴 수 있으므로 CP대칭성을 깰 수 없지만, 3세대 6종이라면 삼각형의 경우처럼 CP대칭성을 깰 수 있게 됩니다. 실제로 쿼크는 3세대 6종이 존재한다는 것이 실험을 통해 확인되었고 그에 의해 CP대칭성이 깨져 있는 경우도 있다는 사실이 확인되었습니다.

뿐만 아니라, 이 CP대칭성이 깨져 있는 것이 지금의 우주와 대단히 큰 관계가 있었습니다. 이 우주가 생긴 직후, 입자의 생성

소립자의 세계

과 동시에 같은 양의 반입자도 태어났습니다. 입자와 반입자는 짝을 이루어 태어나고 짝을 이루어 소멸하므로 대칭성이 완전히 보존되었다면 모든 입자는 반입자와 함께 소멸하여 이 우주에는 아무것도 남아있지 않을 것입니다. 그런데 어느 틈엔가 반입자는 이 우주에서 모습을 감추고 입자만 남게 되었습니다. 이 입자만 남은 이유와 CP대칭성의 깨짐이 관계가 있을 거라 추측되는 것입니다. 고바야시-마스카와 이론은 단순히 쿼크의 수만 예언한 게 아니라, 이 우주에 물질이 남은 이유를 이해하기 위해서도 중요한 이론입니다.

고바야시-마스카와 이론의 검증

지금은 쿼크뿐만 아니라 경입자도 3세대의 입자가 있다는 사실을 알게 되었으나 이것만으로 고바야시-마스카와 이론이 모두 증명되었다고 할 수는 없습니다. 이 이론은 3세대가 존재하면 입자물질와 반입자반물질의 차이를 만들어낼 수 있다는 것이었습니다. 따라서 그 다음 단계는 이를 증명하기 위한 실험이었습니다.

이 실험은 미국과 일본에서 이루어졌습니다. 미국의 실험은 명문 스탠포드대학교에서 이루어졌습니다. 전자와 양전자를 충돌시켜 만들어지는 바닥 쿼크가 붕괴되어 다양한 것이 되어가는 양상을 정밀 측정함으로써 입자와 반입자의 차이를 만들어낼 수 있는가를 연구한 것입니다. 이 실험에 사용된 가속기는 직선 모양이며 길이가 약 5킬로미터나 됩니다. 이 형태가 코끼리의 긴 코를 연상시켰는지 이 실험에는 코끼리 캐릭터의 이름과 같은 '바바'라는 이름이 붙었습니다.

반면 일본에서는 이바라기 현 쓰쿠바 시에 있는 고에너지가속기연구소KEK에서 '벨'이라는 이름의 실험이 시작되었습니다. 벨은 프랑스어로 '미녀'라는 뜻입니다. 이 실험에서도 전자와 양전자를 충돌시키는데 그 충돌 빈도가 대단히 높습니다. 무려 7나노 초당 1회의 비율로 충돌이 이루어지니까요. 1나노 초는 10^{-9}초인 아주 짧은 시간입니다. 그리고 충돌 결과를 관측하기 위한 장치는 무려 3층 높이의 건물과 맞먹는 크기가 되고 말았습니다. 그 안은 첨단기술이 집적된 장치로 꽉 들어차, 7나노 초에 한 번 일어나는 전자와 양전자의 충돌 모습을 주의 깊게 관찰했습니다. 그 결과, 충돌로 인해 생겨나는 B중간자와 반B중간자의 차이를 포착하는 데 성공하여, CP대칭성이 깨져 있다는 고바야시-마스카와 이론을 증명하는 데 성공했습니다.

3

정말 신비로운
중성미자의
세계

열쇠를 쥐고 있는 중성미자

우주가 갓 탄생했을 때는 넘치는 에너지로부터 수많은 물질과 반물질이 생성됐습니다. 물질과 반물질은 반드시 짝을 이루어 태어나는데 소멸할 때도 짝으로 소멸합니다. 그러므로 물질과 반물질이 완전히 행동을 함께한다면 이 우주에는 은하도 별도 우리도 존재할 수 없게 되겠죠.

반물질만 소멸하고 물질이 남기 위해서는 물질과 반물질 간의 대칭성이 약간 어긋나 있어야 합니다. 이 어긋남을 증명한 것이 2장 끝부분에 나왔던 고에너지가속기연구소의 벨 실험이었습니다. 이 실험은 CP대칭성이 분명히 깨져 있다는 사실을 보여주었습니다. 그리고 이 CP대칭성의 깨짐이 이 우주에 물질만 남은 것과 관련이 있다는 것도 알게 되었습니다. 하지만 이것만으로는 우리가 왜 태어났는지까지는 설명할 수 없습니다. 그런데

정말 신비로운 중성미자의 세계

최근 들어 이 문제를 풀 수 있는 열쇠를 중성미자가 쥐고 있는 게 아니냐는 생각이 대두되고 있습니다.

사실 중성미자 연구에서 세계적으로 최첨단을 달리고 있는 나라는 일본입니다. 최초로 중성미자의 존재를 확인한 것은 미국인이었지만 자연계에서 발생하는 중성미자를 실시간으로 최초 관측한 것은 일본에서 이루어진 실험에서였습니다.

1987년 2월 23일에 우리 은하계에 바로 이웃해 있는 대마젤란성운 내에서 대형 별의 초신성폭발이 관측되었습니다. 이때 많은 빛이 방출되었는데, 폭발로 인해 생기는 에너지 가운데 빛으로 변한 것은 1퍼센트 정도에 불과했습니다. 사실 초신성폭발 시에 발생하는 에너지의 99퍼센트는 중성미자로 변해 별 바깥으로 빠져나가 버립니다.

보통은 99퍼센트나 되는 에너지가 중성미자로 바뀌면 에너지가 대부분 빠져나가 폭발이 일어날 수 없는 게 아니냐고 생각할 수 있지만 여기에는 약간의 속임수가 있습니다.

초신성폭발 전에는 수명이 다한 별은 폭삭 쪼그라들며 밀도가 상당히 높아지기 때문에 중성미자조차 별에 갇히게 됩니다. 그래서 에너지를 충분히 저장하게 되고 중성미자가 별의 폭발에 도움을 주게 됩니다. 사실 별이 반짝 하며 밝아지는 것은 몇 시간 후입니다. 이 이론은 중성미자 트래핑trapping, 가둠설이라고 하는

데, 사토 가쓰히코佐藤勝彦 박사가 제창했습니다.

실제로 그날 초신성폭발이 관측되었을 때, 빛과 중성미자가 지구에도 찾아왔습니다. 그리고 기후 현 가미오카 광산 지하에 있던 가미오칸데가 중성미자 11개를 포착하는 데 성공했습니다. 다른 경쟁자들도 세계 곳곳에서 중성미자를 포착하기 위해 경쟁을 벌였지만 가장 확실하게 성공한 것이 가미오칸데였습니다. 가미오칸데의 관측 자료를 보면 사토 박사의 이론대로 중성미자가 포착되고 몇 시간 후에 초신성폭발이 관측되었습니다. 이 관측을 성공시킨 것이 고시바 마사토시小柴昌俊 박사입니다. 고시바 박사는 이 공적을 인정받아 2002년에 노벨 물리학상을 수상했습니다.

초신성폭발로 발생한 중성미자 관측은 우주 관측을 위한 새로운 방법을 만들어 냈습니다. 지금까지는 우주를 보려면 가시광선을 사용한 광학망원경이나 전파를 사용한 전파망원경 등을 이용할 수밖에 없었는데 중성미자를 사용해 우주를 관측할 수도 있다는 것을 알게 된 것입니다. 고시바 박사 연구팀은 이를 중성미자 천문학이라고 표현했고, 소립자를 이용한 천문학을 개척했습니다.

정말 신비로운 중성미자의 세계

중성미자의 무게

소립자의 표준이론은 오랜 역사 속에서 만들어진 것이며, 30년 이상 어떤 실험을 해도 이 이론이 예측하는 대로 결과가 나왔습니다. 즉 표준이론은 소립자 물리학의 경전과도 같은 존재였던 것입니다. 다만 표준이론은 소립자가 갖는 질서를 완전히 설명할 수는 없으며, 왜 쿼크나 경입자가 3세대 존재하는지, 왜 입자 개개의 무게가 관측값과 같은 값을 갖게 되었는지 등은 아직 알려지지 않았습니다. 그래도 실험 결과는 모두 표준이론과 일치했기 때문에 소립자 물리학 이론은 이 이론을 바탕으로 만들어졌습니다.

그런데 1998년에 이 표준이론을 근본부터 뒤흔드는 대단히 중요한 사건이 발생했습니다. 표준이론에서 질량이 0인 것으로 알려졌던 중성미자에 무게가 있다는 사실이 밝혀진 것입니다. 중성미자에 무게가 있는 것이 왜 대사건인가 하면 표준이론은 중성미자의 무게가 완전히 0이라는 전제에서 만들어졌기 때문입니다.

전제가 무너지면 그 이론은 다시 만들어야 합니다. 중성미자의 무게에 관한 문제는 표준이론을 좌우하는 핵심 문제였기 때문에 1960년대부터 계속 토론의 대상이 되었습니다. 오랜 세월 그 증거를 잡지 못했지만 1998년 일본의 한 연구 단체가 중성미자에 무게가 있다는 증거를 포착한 것입니다.

이 발표는 기후 현 다카야마 시에서 개최된 중성미자·우주물리국제회의에서 발표되었습니다. 그때 다소 진귀한 풍경이 펼쳐졌는데, 일본의 연구팀이 중성미자에 무게가 있다고 보고하자 그 자리에 있던 모두가 일제히 기립박수를 친 것입니다. 수십 년 동안 옳다고 여겨지던 표준이론이 드디어 무너진 역사적인 순간이었습니다.

이 놀라운 뉴스는 전 세계로 퍼져나갔고 큰 충격을 안겨 주었습니다. 미국에서는 〈뉴욕타임스〉 제1면의 머리기사를 장식할 정도였습니다. 또한 이 기사를 읽은 당시의 클린턴 미국 대통령은 매사추세츠공과대학 졸업식 연설에 이 사실을 인용했다고 합니다.

그런데 미국 대통령이 연설에 인용할 정도로 충격적인 중성미자의 무게를 어떻게 측정한 걸까요? 중성미자는 거의 포착이 불가능한 입자입니다. 저울 위에 올려놓을 수도 없습니다. 포착하기도 어려운데 정말 무게가 있기는 한 걸까요?

이때 활약한 것이 기후 현 가미오카 광산에 만들어진 슈퍼 가미오칸데였습니다. 고시바 박사가 초신성에서 방출된 중성미자를 관측했을 때 이용한 가미오칸데의 2세대에 해당하는 장치인데, 이 장치는 대단히 커서 높이가 10층 건물과 맞먹는 40미터에

달합니다. 이 장치가 지하 1킬로미터에 설치되었고 안에는 5만 톤의 물이 저장되어 있습니다. 슈퍼 가미오칸데에서는 이 물 속에서 일어나는 반응을 관찰하기 위해 탱크 벽면에 광전자증배관이라는 지름 50센티미터 정도의 대형 전구처럼 생긴 것을 빼곡히 채워 넣었습니다. 구조는 가미오칸데와 비슷한데 그 안으로 중성미자가 통과하면 가끔 물분자와 반응하여 빛을 발하고, 이를 광전자증배관이 포착할 수 있습니다.

지금까지의 얘기에서도 나왔지만 초신성폭발로 인해 대량의 중성미자가 발생합니다. 그 외에도 태양의 중심 부분이나 대기 등, 중성미자는 다양한 장소에서 만들어지고 있습니다. 이때 무게를 조사한 것은 대기에서 만들어지는 중성미자였습니다. 지구에는 우주선宇宙線이라는 고에너지 입자가 수없이 쏟아집니다. 지구의 대기에는 질소나 산소 같은 기체분자가 있기 때문에 그 분자에 우주선이 닿으면 아주 소량이지만 중성미자도 생기는 것입니다. 이렇게 만들어진 중성미자를 대기 중성미자라고 부릅니다. 이 대기 중성미자는 상공으로부터 지상으로 떨어져 지면을 통과합니다. 그리고 그대로 슈퍼 가미오칸데까지 도달합니다.

대기 중성미자는 대기 중에서 발생하기 때문에 일본 상공이든 남반구든 어디서든 생성됩니다. 일본 상공에서 발생한 중성미자가 그대로 슈퍼 가미오칸데까지 도달하는 것은 쉽게 그림이 그

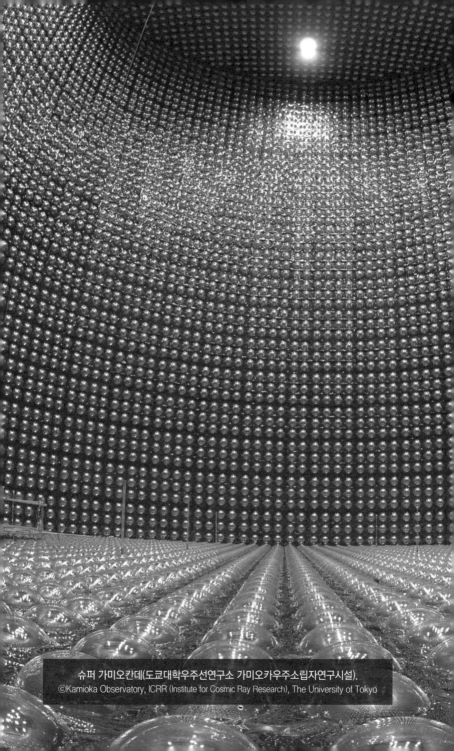

슈퍼 가미오칸데(도쿄대학우주선연구소 가미오카우주소립자연구시설).
©Kamioka Observatory, ICRR (Institute for Cosmic Ray Research), The University of Tokyo

려지리라 생각합니다. 사실은 슈퍼 가미오칸데에 도달하는 중성미자는 그뿐만이 아닙니다. 일본 반대쪽에 있는 남반구에서 발생한 중성미자도 도달합니다.

왜 그런가 하면 남반구에서 발생한 중성미자는 지면에 부딪혀도 영향을 받지 않아 그대로 통과하기 때문입니다. 중성미자는 약한 힘에만 반응하기 때문에 중성미자 입장에서 보면 지구 내부는 빠져나가기 좋은 상태인 거죠. 그래서 지구 반대쪽에서도 문제없이 슈퍼 가미오칸데까지 올 수 있는 것입니다.

이런 식으로 중성미자에서 일어나는 현상事象을 조사하다 보니 상하대칭임을 알게 되었습니다. 지구는 거의 깔끔한 둥근 형태를 하고 있습니다. 그리고 우주선이 들어오면 상공 20킬로미터 정도의 높이에서 대기와 반응하여 중성미자가 생깁니다. 우주선은 지구에 도달하는 동안 다양한 별들의 영향으로 방향이 제멋대로가 됩니다. 그러므로 지구에 도달했을 때 북반구에서 온 양과 남반구에서 온 양은 거의 같다고 합니다. 그러면 북반구에서 온 것과 남반구에서 온 것의 양이 같을 것이므로 중성미자의 수는 상하대칭이 되는 것입니다.

실제로 이 슈퍼 가미오칸데로 실험을 해보면, 전자 중성미자는 확실히 상하대칭입니다. 이론적인 예언과 실제 측정 수치가 일치하는 거죠. 그런데 2세대인 뮤온 중성미자를 조사해 보면 이론적 예언과 관측된 수치가 크게 다릅니다. 이론적 예언에서는 전자 중성미자처럼 상하대칭이 되어야 하는데, 관측된 수치에서는 남반구에서 오는 것, 즉 슈퍼 가미오칸데 아래에서 오는 것이 예상의 절반밖에 되지 않았던 것입니다.

왜 이런 일이 일어나는지 조사해 보니 지구의 반대편에서 발생한 중성미자는 지구를 통과하는 동안 타우 중성미자로 변했다가 다시 뮤우 중성미자가 되기를 반복하는 게 틀림없다는 사실이 분명해졌습니다. 이처럼 뮤우 중성미자와 타우 중성미자가 변신을 반복하는 현상을 중성미자 진동이라 부릅니다. 마치 파도가 치는 것처럼 뮤우 중성미자가 점점 타우 중성미자로 변했다가 다시 뮤우 중성미자로 돌아오기 때문입니다.

앞 장에서 경입자의 입자 종류를 플레이버 또는 맛으로 표현한다고 했는데, 딸기 맛이었던 아이스크림이 시간이 흐르면서 초콜릿 맛으로 변했다가 다시 딸기 맛이 되는 것과 같습니다. 슈퍼 가미오칸데에서는 초콜릿 맛이 올 거라 생각하고 기다렸기 때문에 딸기 맛 아이스크림이 와도 무시하고 포착하지 않아 예상했던 것의 절반밖에 포착하지 못했던 것입니다.

중성미자 진동이 일어난다는 것은 시간의 경과에 따라 입자가 변한다는 것을 뜻합니다. 이 변한다는 것은 중성미자가 빛의 속도로 움직이지 않는다는 증거도 됩니다.

중성미자는 시간을 느낀다

이 얘기는 중요한 포인트이므로 조금 더 얘기하기로 하죠. 아인슈타인의 특수상대성이론에 따르면 물질이 움직이는 각도가 빨라지면 빨라질수록 그 물질이 느끼는 시간은 느려집니다. 이는 쌍둥이 역설이라는 유명한 이야기로 설명될 수 있습니다. 예를 들어 한 쌍둥이 형제가 있다고 합시다. 쌍둥이 형이 광속에 가까운 로켓을 타고 우주로 날아가고 동생은 지구에 남았습니다. 로켓이 다시 지구로 돌아와 쌍둥이 형제가 재회하면 지구에 남아 있던 동생이 여행을 다녀온 형보다 훨씬 더 나이를 먹었을 거라는 겁니다. 아주 희한한 얘기처럼 들리지만 상대성이론 세계에서는 당연한 현상입니다.

물질은 빨리 움직이면 시간이 느려지므로, 극도로 빨리 움직이면, 즉 광속으로 움직이면 시간은 완전히 멈춰버립니다. 빛은 항상 광속으로 날기 때문에 절대로 시간을 느끼지 못합니다. 완전히 시간이 멈춰 있는 것입니다. 만약 중성미자에 무게가 없다면 광속으로 날 수 있으므로 중성미자는 시간을 느끼지 못할 것입니다.

그런데 슈퍼 가미오칸데 실험에서는 위에서 오는 중성미자는 다른 것으로 변할 시간이 없었는데, 아래에서 오는 중성미자는 다른 것으로 바뀔 시간이 있었기 때문에 타우 중성미자로 변해 버렸습니다. 즉 중성미자는 시간을 느낀다는 얘기가 됩니다. 시간을 느낀다는 것은 중성미자는 빛의 속도보다 느리게 움직인다는 얘기가 됩니다. 빛의 속도보다 느린 입자는 무게가 있다는 얘기이므로 중성미자에 무게가 있다는 게 확실해진 것입니다.

슈퍼 가미오칸데의 실험 결과를 통해 중성미자에 무게가 있다고 발표되자 이번에는 그 실험의 정확성을 조사하기 위한 실험이 시작되었습니다. 슈퍼 가미오칸데에서는 하늘에서 내려오는 뮤우 중성미자를 관측했는데, 삐딱하게 보면 하늘에서 내려오는 것이 정말 뮤우 중성미자인가라는 의심이 생깁니다.

보통 사람이라면 하늘에서 내려오는 뮤우 중성미자가 정말 뮤우 중성미자였는지 의심하지 않겠지만 물리학자는 그렇지 않습니다. 그래서 실제로 중성미자를 만들어 실험하는 계획이 일본과 미국에서 진행되었습니다. 일본에서는 쓰쿠바 시에 있는 고에너지가속기연구소에서 250킬로미터 떨어진 슈퍼 가미오칸데를 향해 인공적으로 만든 중성미자를 발사했습니다. 미국에서는 일리노이 주에 있는 미시건 호수 옆에 있는 연구소 가속기에서 중성미자를 만든 다음, 약 750킬로미터 떨어진 미네소타 주 수단에 있는 관측 장치로 중성미자를 포착한다는 계획이었습니다.

평소에 우리는 그다지 의식하지 않고 살지만, 지구는 둥글기 때문에 지면은 평평하지 않고 약간 휘어 있습니다. 표적이 750킬

정말 신비로운 중성미자의 세계

로미터나 떨어져 있으면 지표를 따라 똑바로 날아간다 해도 몇 미터는 위를 향하게 됩니다. 그래서 일리노이 주에서 중성미자를 발사할 때는 약간 아래쪽을 향하도록 합니다. 이렇게 하면 일단 지하 10킬로미터까지 파고들었던 중성미자가 정확히 750킬로미터 앞에서 지면 위로 올라와 목표인 실험장치를 통과하게 됩니다.

이런 방법으로 조사해 보니, 분명히 뮤우 중성미자의 양은 처음의 절반 정도로 줄어 버립니다. 이로써 어떻게 보면 일단락되었다 볼 수 있습니다. 분명 인공적으로 만든 중성미자로도 변화했기 때문에 중성미자는 시간을 느끼고, 무게가 있다는 사실은 증명되었습니다.

중성미자로 태양을 보다

대기 중성미자를 통해 중성미자에 무게가 있다는 사실을 알게 되었는데, 이번에는 태양에서 만들어지는 중성미자 문제가 부각되었습니다. 태양은 표면 온도가 약 6000℃, 중심 부분은 약 1500만℃나 될 것으로 추측되고 있으며 지구에 많은 열과 빛 등을 보내고 있습니다. 애초에 태양이 왜 많은 열과 빛을 방출하느냐 하면 태양 안에서 수소원자 네 개를 합쳐 헬륨원자를 만드는 핵융합반응이 일어나고 있기 때문입니다.

수소원자의 원자핵은 양전기를 가지고 있는데, 이것이 헬륨원자가 되면 두 개의 양성자가 중성자로 변화하기 때문에 전기적인 성질이 변합니다. 변한 전기 부분은 어떻게 되느냐 하면 전자의 반물질인 양전자와 중성미자로 변합니다. 다만 이때 생성되는 중성미자는 전자 중성미자뿐인 것으로 추측되고 있습니다.

여기서 태양의 핵융합반응이 일어나기 전과 후의 무게를 비교해 보면, 사실은 나중이 더 가볍습니다. 그리고 가벼워진 만큼을 에너지로 방출할 수 있는 것입니다. 아인슈타인의 $E=mc^2$라는 식을 상기해 보기 바랍니다. 이 식에서 무게 m은 에너지 E로 변환할 수 있으므로 무게가 줄어든 만큼 에너지라는 형태로 외부 방출이 가능합니다. 태양은 1초 동안 40억 킬로그램씩 가벼워지며 우리에게 빛과 열을 보내고 있는 것입니다. 동시에 태양으로부터는 중성미자도 방출되는데, 1초 동안 우리 몸을 통과하는 수가 수백조 개에 달합니다.

슈퍼 가미오칸데는 중성미자를 포착할 수 있으므로 태양에서 오는 중성미자도 포착 가능합니다. 그리고 슈퍼 가미오칸데는 지하 1킬로미터 깊이에 설치되어 있으므로 태양의 빛이 들어갈 수는 없습니다. 빛으로 태양을 볼 수는 없지만, 중성미자를 활용하면 태양을 볼 수 있습니다. 뿐만 아니라, 중성미자로 본 태양 사진도 촬영 가능합니다. 중성미자로 촬영한 사진은 일반적인 카메라로 촬영한 태양 표면 사진과는 달리, 태양의 중심이 보입니다. 중성미자는 태양의 중심부에서 만들어지므로 중성미자를 사용하면 태양의 중심 부분에서 일어나고 있는 일을 확실히 비춰볼 수 있습니다. 즉 태양을 X선으로 촬영한 것 같은 사진을 찍을 수 있는 것입니다. 이렇게 함으로써 태양 중심부의 모습을 자세히 알 수 있습니다.

태양 중성미자 문제

사실, 태양에서 오는 중성미자를 사용한 실험은 1960년대부터 있었습니다. 그리고 지금까지 많은 실험이 이루어졌지만 하나같이 곤란한 일이 생겼습니다.

태양에서 오는 중성미자를 측정하니, 포착할 수 있는 중성미자의 수가 이론적으로 예상되는 수보다 적었던 것입니다. 실험에서 측정 가능한 것은 예상치의 절반에서 3분의 1 정도밖에 되지 않았습니다. 왜 측정 결과와 이론상의 예상치가 이렇게 크게 다른지 아무도 몰라 태양 중성미자 문제라 불리며 오랫동안 풀 수 없는 수수께끼로 남아 있었습니다.

이 태양 중성미자 문제의 수수께끼를 풀기 위해 많은 물리학자들이 도전했습니다. 그 가운데 실제 측정 중성미자의 수가 적은 이유로 추정된 설 중 하나가 우리가 보는 태양은 서서히 수명이 다해가고 있다는 설입니다.

지구는 태양으로부터 1억 5천만 킬로미터 떨어져 있기 때문에 빛이나 중성미자가 도달하기까지 8.3분이 걸립니다. 중성미자는 핵융합이 일어나고 있는 태양의 중심부에서 직접 방출되기 때문에 8.3분 후에는 지구에 도달하지만 태양의 중심부는 밀도가 너무 높아 빛이 표면으로 나오기까지 수천 년 걸릴 것으로 추정되고 있습니다.

즉 우리가 보고 있는 빛은 정확히 말하면 수천 년과 8.3분 전에 만들어진 빛이며, 중성미자는 8.3분 전에 만들어지고 있으므로 그 차가 나타나는 게 아닌가 라는 것입니다. 빛과 중성미자 사이에 수천 년이라는 시간 차가 있으므로 빛으로 보면 태양은 아직 건강한 것처럼 보여도 사실은 수천 년 전의 것이며, 현재의 태양은 중성미자의 수로 보면 기력도 없고 실제로는 거의 수명이 다한 게 아니냐는 것이었습니다.

이런 설이 나오면 진위를 가리기 전에 많은 사람이 혼란스러워합니다. 진상을 밝히기 위해 활약한 것이 캐나다에서 이루어진 SNO실험이었습니다. 캐나다에서 만들어진 실험장치 SNO는 지하 2킬로미터에 설치되었고 그 안에 수천 톤의 물이 들어 있습니다.

이 장치로 측정한 결과, 태양에서 발생한 중성미자는 지구에

정말 신비로운 중성미자의 세계

도달하는 과정에서 다른 종류의 중성미자로 변했음이 밝혀졌습니다. 태양에서는 원래 전자 중성미자만 만들어지기 때문에 그 수만 세면 예상보다 적어지는데, 3세대 중성미자를 모두 측정해서 더하면 예상했던 수가 되는 것입니다. 이는 태양에서 만들어진 전자 중성미자 중 일부가 뮤우 중성미자나 타우 중성미자로 변했을 뿐, 수가 적어진 것은 아니라는 것을 의미합니다.

캄랜드 실험

태양 중성미자 문제는 이로써 해결되었는가 싶었는데 역시 태양 내부의 환경은 특수해서 인공적으로 만든 중성미자로 그런 일이 정말 일어날 것인가 라는 의문이 제기되었습니다. 그래서 일본의 도호쿠東北대학교를 중심으로 한 연구팀이 의욕적으로 나섰습니다. 고시바 박사가 처음으로 초신성 중성미자를 포착한 가미오칸데 자리를 개조해 새로운 실험 장치인 캄랜드KamLAND를 만들어 새로운 실험을 시작했습니다.

가미오칸데에서는 물이 든 탱크를 만들었는데, 캄랜드에는 중성미자를 포착하기 위해 물이 아닌 1000톤의 기름을 채운 장치를 설치하기로 했습니다. 기름을 사용함으로써 이전에는 보기 어려웠던 에너지인 작은 중성미자도 확실하게 볼 수 있게 되어 더욱 정밀한 실험이 가능해졌습니다.

캄랜드에서 관측한 것은 일본의 원자력발전소에서 나오는 중성미자입니다. 일본에는 50기 이상의 원자력발전소가 있습니다. 이들 발전소는 캄랜드가 있는 가미오카 광산 근처에는 없어서 실험하기에는 충분한 거리가 확보되었습니다. 원자력발전소가 가동되고 있으면 원자로 안에서 중성미자가 나오기 때문에 그 중성미자를 캄랜드에서 포착하면 중성미자의 변화를 포착할 수 있을 것이라 생각해 실험을 시작했습니다. 이 실험은 대단한 끈기가 필요했지만 2002년부터 2008년까지 지속적으로 자료를 수집한 결과, 원자력발전소에서 만들어진 인공적인 중성미자도 분명히 중성미자 진동을 한다는 사실이 밝혀졌습니다.

슈퍼 가미오칸데 당시에는 중성미자를 사용해 태양을 관측했지만, 중성미자를 활용함으로써 우리에게 대단히 친근한 또 어떤 것의 내부를 볼 수 있습니다. 그게 무엇인가 하면 바로 지구입니다. 중성미자는 지구 내부를 통과하기 때문에 X선 CT를 찍듯 지구의 단층 사진을 촬영할 수 있습니다. 사실 지구에는 큰 수수께끼가 하나 있었는데, 캄랜드에서 중성미자를 이용해 촬영한 단층사진이 그 수수께끼를 풀어주었습니다.

지구는 태양으로부터 엄청난 양의 열을 받고 있고 우리는 그 덕분에 생활을 영위하고 있습니다. 동시에 지구도 우주 공간으로 열을 방출하고 있는데 그 양이 약 40조 와트, 즉 태양으로부터 받은 열만으로는 설명할 수 없는 엄청난 양의 열을 방출하고 있었던 것입니다. 태양에서 오는 열의 방출량은 전체의 절반 정도인데 나머지 절반은 어디서 오는 것인지 도무지 알 수 없는 상태였습니다.

그런데 중성미자로 촬영한 단층사진을 분석해 보니, 지구 내부에서도 중성미자가 만들어지고 있음을 알게 되었습니다. 지구 안에 있는 우라늄이나 헬륨 같은 원자가 붕괴하면서 중성미자를 만들고 있었던 것입니다. 이때 동시에 열도 발생하기 때문에 우주에 방출되는 열량의 나머지 절반은 지구가 스스로 생산하고 있었다는 결론에 이르면서 또 하나의 수수께끼가 풀렸습니다.

[칼럼]
가미오칸데와 중성미자

고시바 박사가 중성미자 포착에 성공한 가미오칸데는 사실 원래는 중성미자를 관측하기 위한 장치가 아니었습니다. 가미오칸데라는 이름은 알파벳으로 쓰면 KamiokaNDE입니다. Kamioka는 설치 장소인 가미오카 광산에서 왔다는 것을 금방 알 수 있을 텐데, 끝부분의 NDE는 뭘까요? 바로 Nuclear Decay Experiment핵자붕괴실험의 머리글자입니다. 핵자붕괴실험이란 원자핵 안에 있는 양성자가 파괴되는 것을 관찰하는 실험인데, 가미오칸데는 원래 이 실험

왜, 우리가 우주에 존재하는가?

을 위한 장치였습니다.

양성자는 대단히 안정적이라 웬만해서는 파괴되지 않습니다. 옛날에는 우리 몸을 구성하는 원자도 영원히 존재한다고 생각했는데 전자기력, 약한 힘, 강한 힘을 통일하기 위한 통일장이론이 활발히 연구되면서 안정적이라 여겨졌던 양성자도 파괴되는 경우가 있다는 예언이 등장했습니다.

단, 파괴된다 해도 양성자의 수명은 무척 길어서 10^{34}년이나 됩니다. 우주의 나이가 137억 년이라 약 10^{10}년으로 표현할 수 있는데, 비교해 보면 알겠지만 양성자의 수명은 우주 나이의 10^{24}배나됩니다. 즉 우주 나이의 1억 배의 1억 배의 1억 배라는 말도 안 되는 시간인 거죠. 이렇게 긴 수명을 갖는 양성자가 파괴되는 순간을 관찰하겠다는 장대한 규모의 실험인 것입니다.

물론 실험을 위해 가만히 기다리기만 해서는 안 됩니다. 그래서 생각해 낸 것이 많은 양성자를 준비하자는 것이었습니다. 양성자의 수명은 10^{34}년보다도 길기 때문에 한 개의 양성자만을 관찰하면 붕괴될 때까지 10^{34}년 이상 관찰해야 하는데, 10^{34}개의 양성자가 있다면 1년에 한 번은 파괴될 가능성이 있는 것입니다. 그래서 대형 탱크를 만들고 그 안에 물을 채워 넣었던 것입니다.

물은 산소원자 한 개와 수소원자 두 개로 이루어져 있으므로 분자 한 개당 양성자가 열 개 있습니다. 가미오칸데 탱크에는 3000톤의 물이 저장되어 있기 때문에 10^{32}개의 양성자를 모은 게됩니다. 가미오칸데가 만들어졌을 무렵 양성자의 수명은 10^{30}년으로 예상되었기 때문에 이 정도의 양성자를 모으면 1년 동안 양성자가 파괴되는 순간을 100번은 관찰할 수 있었을 것입니다.

정말 신비로운 중성미자의 세계

가미오칸데는 대형 탱크 내면에 엄청난 수의 광전자증배관이라는 센서가 부착된 장치입니다. 그런데 이걸로 어떻게 양성자가 파괴되는 순간을 관찰할 수 있는 걸까요? 사실은 양성자가 파괴될 때는 체렌코프 광이라는 특별한 빛이 방출됩니다. 양성자 붕괴실험에서는 광전자증배관이 이 체렌코프 광을 포착함으로써 양성자 파괴 여부를 알 수 있는 것입니다.

그런데 그 빛을 찾는 과정에는 성가신 방해물이 있었습니다. 그것이 바로 중성미자였던 것입니다. 중성미자는 전하를 갖지 않기 때문에 탱크 안에 들어와도 알 수가 없습니다. 하지만 탱크 안에서 어쩌다가 물과 부딪히면 양자붕괴와 마찬가지로 체렌코프 광을 방출합니다. 이래서야 가미오칸데로 어렵사리 체렌코프 광을 관측한다 해도 중성미자가 반응한 것인지, 양성자가 파괴된 것인지 구별이 되지 않습니다. 그래서 그 방해물인 중성미자의 영향을 제거하기 위해 가미오칸데에서 중성미자 연구가 시작되었던 것입니다.

왜, 우리가 우주에 존재하는가?

4

너무나 가벼운
중성미자의 비밀

항상 왼쪽 돌기인 중성미자

슈퍼 가미오칸데, 캐나다의 SNO, 캄랜드 등 세계 각지에서 이루어지고 있는 실험 결과를 축적함으로써 중성미자에 무게가 있다는 사실은 확실해졌습니다. 이는 그야말로 세상을 뒤흔들 만한 대발견이었죠.

그런데 중성미자의 무게를 알게 되자 또 새로운 수수께끼가 등장했습니다. 중성미자는 정말 가벼운 입자였습니다. 지금까지 사람들이 정말 가볍다고 했던 전자 무게의 100분의 1밖에 되지 않았고 다른 소립자와 비교해도 중성미자는 두드러지게 가벼웠습니다.

이렇게 중성미자만 무게가 확연히 다르기 때문에 다른 소립자와 같은 부류로 취급해도 될지 의문이 생기기 시작했습니다. 단, 중성미자가 무게를 갖는다는 것은 표준이론으로 설명할 수 없

너무나 가벼운 중성미자의 비밀

는 일이 일어나도 이상할 게 없음을 시사합니다. 어쩌면 중성미자가 특별히 가볍다는 것은 표준이론을 넘어선 무언가를 말하고 있는지도 모릅니다.

그렇다면 중성미자만 특이하게 가볍다는 문제를 어떻게 생각하면 좋을까요? 여기서 잠깐, 반물질을 생각해 봅시다. 소립자의 세계에서는 물질이 있으면 반드시 반물질도 있습니다. 그러므로 중성미자에도 반물질인 반중성미자가 있을 겁니다. 반물질의 성질은 물질과 모든 것이 반대이므로 전기적 성질이 플러스인 경우, 반물질의 전기는 마이너스가 됩니다.

중성미자는 전기가 없으므로 반물질도 전기는 0입니다. 그렇다면 중성미자의 반물질인 반중성미자는 어떤 성질이 반대일까요? 사실은 이 수수께끼를 해결하기 위한 실험이 이미 진행되었습니다. 이 실험에서는 중성미자는 모두 왼쪽 돌기였음을 보여주었습니다. 그런데 대다수 사람들은 중성미자는 왼쪽 돌기라는 말의 뜻을 선뜻 이해하기 어려울 것 같습니다.

대부분의 소립자는 자세히 들여다보면 팽이처럼 빙글빙글 돌고 있습니다. 그러므로 중성미자도 자세히 보면 돌면서 진행할 것입니다. 이 회전의 진행 방향이 반시계 방향이면 왼쪽 돌기, 시계 방향이면 오른쪽 돌기가 됩니다.

대부분의 경우, 소립자를 비교해 보면 오른쪽 돌기, 왼쪽 돌기

왜, 우리가 우주에 존재하는가?

둘 다 관측됩니다. 그런데 중성미자는 예외 없이 왼쪽 돌기였으며, 오른쪽 돌기는 관측할 수 없었던 것입니다.

왼쪽 돌기 반중성미자는 초중량급

지금까지는 이 왼쪽 돌기밖에 관측되지 않은 실험결과가 중성미자에 무게가 없음을 보여주는 증거로 여겨졌습니다. 예를 들어 날아가고 있는 중성미자를 뒤에서 쫓는 방향에서 봤을 때, 중성미자가 왼쪽 돌기였다면, 중성미자를 추월해 뒤돌아봤을 때는 오른쪽 돌기로 보일 것입니다. 왼쪽 돌기와 오른쪽 돌기, 이 두 방향이 있는 경우는 중성미자를 추월해 반대쪽에서 보는 순간이 있다는 얘기가 됩니다.

하지만 아무리 수없이 관측해도 왼쪽 돌기 중성미자만 관측된다는 것은 중성미자를 추월한 상태에서 볼 수 없다는 뜻이라고 생각할 수 있습니다. 중성미자를 추월할 수 없다는 것은 중성미자는 우주에서 가장 빠른 속도, 즉 광속으로 움직이고 있다는 결론을 도출할 수 있습니다. 다만, 광속으로 움직이려면 무게가 있으면 안 되기 때문에 중성미자에는 무게가 없다고 여겨져 온 것입니다.

무게가 있는 것은 아무리 노력해도 광속이 될 수 없습니다. 아무리 큰 가속기를 이용해도 광속의 99.999퍼센트까지는 가능할

너무나 가벼운 중성미자의 비밀

지 몰라도 절대 100퍼센트에는 도달하지 못합니다. 이는 아인슈타인의 상대성이론으로 단언할 수 있습니다. 그리고 실제로 관찰해 보니 중성미자는 모두 왼쪽 돌기이며 반중성미자는 모두 오른쪽 돌기였습니다.

그런데 중성미자에는 무게가 있었습니다. 그리고 아무리 작아도 무게가 있으면 광속으로 날 수 없습니다. 즉 오른쪽 돌기 중성미자가 존재할 수도 있다는 얘기입니다. 그건 그렇고, 전기가 없는 소립자이며 오른쪽 돌기 입자인 것은 아직 그 누구도 본 적이 없습니다. 도대체 어찌 된 일일까요?

지금까지 한 얘기 중에 전기를 갖지 않는 오른쪽 돌기 입자는 중성미자의 반물질인 반중성미자밖에 등장하지 않았습니다. 즉 지금까지의 얘기를 종합하면 중성미자를 추월해 뒤돌아봤을 때 볼 수 있는 오른쪽 돌기 중성미자는 어쩌면 반중성미자일지도 모른다는 가설이 등장한 것입니다.

하지만 이 얘기는 잘 생각해보면 이상합니다. 중성미자는 물질입니다. 그런데 이것을 앞질러 뒤돌아보면 반물질로 보인다니, 일반적으로는 생각해낼 수 없는 현상입니다. 물질과 반물질이 바뀌는 게 되기 때문입니다. 이런 일은 다른 입자에서는 절대로 일어나지 않습니다.

예를 들어 전자의 경우, 왼쪽 돌기 전자의 반입자는 오른쪽 돌기 양전자가 됩니다. 전기적으로 마이너스와 플러스의 차이가 있기 때문에 이 두 입자는 같은 게 될 수 없습니다. 게다가 전자에는 무게가 있기 때문에 추월해 뒤돌아보면 당연히 오른쪽 돌기 전자가 됩니다. 그리고 오른쪽 돌기 양전자를 추월해 뒤돌아보면 이것은 왼쪽 돌기 양전자가 됩니다. 그러므로 전자의 경우 우리가 생각할 수 있는 물질과 반물질은 네 종류가 됩니다.

마찬가지로 우리가 알고 있는 입자는 반물질까지 고려하면 오른쪽 돌기인 물질 입자, 왼쪽 돌기인 물질 입자, 오른쪽 돌기인 반물질 입자, 왼쪽 돌기인 반물질 입자 등 네 종류라는 것이 정설이었습니다.

그런데 중성미자의 경우는 이 유형에 들어맞지 않습니다. 물질 중성미자는 모두 왼쪽 돌기이고 오른쪽 돌기 중성미자를 목격한 사람은 아무도 없습니다. 이에 반해 반중성미자는 모두 오른쪽 돌기입니다. 이 역시 왼쪽 돌기인 반중성미자를 본 사람은 아무도 없습니다.

아무도 본 적이 없다는 것은 누구도 만들 수 없었기 때문이 아닐까 추측되고 있는데, 즉 이것은 굉장히 무거운 입자여서 지금까지 아무리 에너지를 쏟아 부어도 만들 수 없었던 거라고 생각하자는 쪽으로 이야기가 정리되어 왔습니다.

너무나 가벼운 중성미자의 비밀

통일된 힘의 세계를 보여주는 소립자

이렇게 이야기의 앞뒤가 맞는 것처럼 느껴지려는 순간, 다시 새로운 문제가 떠오릅니다. 같은 중성미자임에도 불구하고 정말로 왼쪽 돌기는 아주 가볍고, 오른쪽 돌기는 아주 무거울 수 있는가라는 의문에 직면한 것입니다. 두 중성미자의 차이는 회전 방향뿐입니다. 회전 방향만으로 그렇게 쉽게 오른쪽 돌기 중성미자를 아주 무겁게, 왼쪽 돌기 중성미자는 가볍게 만들 수 있을까 의문이 듭니다. 그런데 실제로 검토를 해보니, 정말 가능할지도 모른다는 걸 알게 되었습니다.

중성미자에 오른쪽 돌기와 왼쪽 돌기 입자가 있을 뿐이라면 전자와 아주 흡사하므로 상당히 무거운 입자가 되고 맙니다. 하지만 그렇게 되지 않도록 오른쪽 돌기를 최대한 무겁게 만들면 한쪽이 무거워지므로 시소처럼 기울기가 생겨 다른 쪽인 왼쪽 돌기 입자가 더 가벼워집니다. 이를 발견한 인물이 야나기다 쓰토무柳田勉 박사이며, 이 이론은 시소 메커니즘이라 명명되었습니다.

시소 메커니즘을 대입하면 이 무거운 중성미자가 존재하는 덕에 가벼운 중성미자가 점점 더 가벼워져서 다른 입자와는 비교도 되지 않을 정도로 가벼워 보인다는 이론을 나름대로 자연스럽게 설명할 수 있습니다. 그렇다면 이 무거운 입자의 무게는 대체 어느 정도일까요? 계산해 보면 말도 안 되게 무겁다는 것을

왜, 우리가 우주에 존재하는가?

알 수 있습니다.

현재 우리가 알고 있는 입자 가운데 가장 무거운 것은 꼭대기 쿼크입니다. 오른쪽 돌기인 무거운 중성미자는 꼭대기 쿼크 중량에 0이 13개나 붙을 정도의 무게를 갖는다는 결과를 얻었습니다. 이 정도의 무게를 갖는 입자는 우주가 시작된 직후까지 거슬러 올라가지 않으면 만들 수가 없습니다. 당시의 우주는 힘이 넷으로 나뉘기 전 상태였으므로 중성미자를 연구하다 보면 어떻게 힘이 통일됐는지 알 수 있을지도 모른다는 가능성이 보이기 시작했습니다. 중성미자는 우리에게 힘의 통일이 일어난 세상에 대해 알려주는 전달자일지도 모릅니다.

왼쪽 돌기 중성미자가 가벼운 이유

방금 중성미자의 무게 얘기가 나왔는데 표준이론에서는 소립자에는 무게가 없는 것으로 되어 있습니다. 그런데 실제로는 무게를 갖는 소립자가 많습니다. 우리가 이야기하고 있는 중성미자도 그중 하나입니다.

표준이론에서 무게가 없는 소립자에 무게를 부여하는 것으로 추측되는 것이 힉스입자입니다. 6장에서 자세히 설명하겠지만 2012년 7월, 힉스입자가 발견되었다는 뉴스가 전 세계를 뜨겁게 달궜습니다. 이 힉스입자와 중성미자는 어떤 관계가 있을까요?

중성미자는 현재 왼쪽 돌기밖에 발견되지 않았습니다. 그런데 이 왼쪽 돌기 중성미자는 힉스입자에 부딪히면 오른쪽 돌기로 변신해야 하는데 정말로 오른쪽 돌기 중성미자가 존재하지 않는다면 변신할 수가 없겠지요. 이 경우는 그대로 왼쪽 돌기인 채로 있게 됩니다. 왜냐하면 표준이론에서는 힉스입자의 영향을 받아 속도가 느려지는 것은 오른쪽 돌기 입자뿐이며 왼쪽 돌기 입자는 힉스입자가 있어도 그대로 통과할 수 있기 때문입니다.

이 얘기는 아주 중요하기 때문에 한 번 더 이야기하겠습니다. 왼쪽 돌기 중성미자는 힉스입자에 부딪히면 오른쪽 돌기로 변신해야 하는데 오른쪽 돌기 중성미자는 아직 발견되지 않았습니다. 만약, 중성미자가 계속 왼쪽 돌기인 채로 있다면 힉스입자에 부딪히는 일은 없을 것이므로 중성미자에는 무게가 없다는 결론에 이르렀던 것입니다.

그런데 중성미자에는 무게가 있다는 것을 알게 되었기 때문에 분명히 힉스입자와 부딪힐 것입니다. 그래서 갑자기 사실은 오른쪽 돌기 중성미자도 존재하는 게 아니냐고 생각하게 된 것입니다. 단, 아까도 얘기했듯 오른쪽 돌기 중성미자는 지금까지 한 번도 발견되지 않았기 때문에 아주 무거운 입자일 것으로 추측하고 있습니다.

그리고 방금 전의 시소 메커니즘을 이용하면 왼쪽 돌기 중성

왜, 우리가 우주에 존재하는가?

미자와 오른쪽 돌기 중성미자의 무게가 다른 이유도 설명할 수 있습니다. 일단, 왼쪽 돌기 중성미자가 힉스입자에 부딪히면 오른쪽 돌기로 변합니다. 그런데 아주 가벼운 왼쪽 돌기 중성미자에 비해 오른쪽 돌기는 너무 무거워 에너지에 차이가 있기 때문에 왼쪽 돌기 중성미자는 오른쪽 돌기 중성미자가 되려면 어딘가에서 에너지를 빌려야만 합니다.

양자역학의 근본적인 원리인 불확정성원리에 따르면 에너지는 조금만 빌려도 됩니다. 이 원리에 입각해 중성미자의 왼쪽 돌기와 오른쪽 돌기의 관계는 다음과 같이 추측되고 있습니다. 힉스입자에 부딪힌 왼쪽 돌기 중성미자는 주변으로부터 에너지를 빌려 오른쪽 돌기로 변신합니다. 다만, 에너지를 많이 빌리면 빨리 갚아야 합니다. 즉 많은 에너지를 빌려 오른쪽 돌기가 되었으나 빌린 에너지를 빨리 갚기 위해, 오른쪽 돌기가 되자마자 바로 왼쪽 돌기로 되돌아간다는 것입니다.

중성미자가 바로 왼쪽 돌기로 되돌아간다는 것은 오른쪽 돌기가 되어 힉스입자에 붙잡혀 있는 시간이 짧다는 뜻입니다. 왼쪽 돌기 중성미자가 힉스입자에 포착되어도 바로 빠져나가기 때문에 왼쪽 돌기 중성미자가 힉스입자로부터 받는 무게는 미미한 정도에 불과하게 됩니다. 이것이 시소 메커니즘의 개념입니다.

너무나 가벼운 중성미자의 비밀

[Q & A]

질문 2011년 가을 무렵에 초광속 중성미자가 화제가 되었습니다. 결국은 잘못된 것이었음이 밝혀졌는데, 그 어떤 것도 빛보다 빠를 수는 없는 건가요?

무라야마 네, 그럴 거라고 생각합니다. 빛의 속도보다 빠른 입자가 나타나면 이상한 일들이 많이 일어날 것입니다. 여러 곳에서 이해되지 않는 일들이 발생할 것이기 때문에 역시 있어서는 안 된다고 생각합니다.

중성미자가 광속 이상일지도 모른다는 발표가 났을 때 저는 미국에 있었는데, 바로 신문 기자한테 전화가 걸려왔습니다. 저도 그 자료를 봤는데 '광속을 넘을 수는 없을 것'이라고 생각했기 때문에 그 분한테 "아마 그런 일은 없을 것"이라고 대답했습니다. 그런데 역시 신문 기자는 대단하더군요. 광속을 초월한다는 전제 하에 얘기를 진행하고 싶었던지, "그래도 만약 정말이라면 어떤 일이 일어납니까?"라고 묻더군요.

그래서 "만약 정말이라면 말이죠, 빛보다 빠른 것이 있다면 사실은 과거로 신호를 보낼 수 있어요"라고 저도 모르게 말하고 말았습니다. 이게 실수였는데요, 그 기자가 "타임머신처럼 말이군요."라고 받아치길래 "그렇게 생각할 수도 있겠네요. 그러니까 없다는 겁니다."라고 대답했습니다. 다음 날 신문에는 "무라야마는 타임머신이 가능하다고 했다."라고 실렸더군요.

사실은 중성미자가 광속보다 빠르다는 건 타임머신을 만들 수

96

있다는 말만큼 불가능한 얘기라고 말하고 싶었던 건데, 그 기자는 조금이라도 꿈같은 얘기를 쓰고 싶었던 모양입니다. 얘기가 잠깐 옆으로 샜군요. 결론은 광속보다 빠른 게 있어서는 안 되기 때문에 없다고 하는 게 가장 타당한 대답이라고 생각합니다.

너무나 가벼운 중성미자의 비밀

5

중성미자가
장난꾸러기라고?

힘의 통일과 중성미자

현재 네 가지 힘을 완전히 통일하는 이론은 완성되지 않았습니다. 현재 전자기력, 약한 힘, 강한 힘 등 세 힘을 하나로 묶는 통일장이론이 완성되기 일보 직전이지만 역시 미완성 단계입니다. 그래도 네 가지 힘을 하나로 통일할 수 있는 이론으로 기대를 받고 있는 것이 초끈이론입니다.

초끈이론에서는 네 가지 힘을 통일하기 위해 크게 두 개의 개념을 도입합니다. 첫 번째는 소립자는 지금까지 부피가 없는 점으로 인식되었지만 사실은 아주 작은 1차원의 끈으로 이루어져 있다는 개념입니다.

조금 기묘하게 들릴지도 모르지만 이 끈은 우리 눈에는 보이지 않을 정도로 작고, 우리가 지금까지 소립자라고 생각해 온 것은 이 끈이 다양한 상태로 진동한 결과라는 겁니다. 소립자가 점

101

이 아니라 끈으로 되어 있다고 생각하게 되면서 지금까지는 수용할 수 없었던 중력을 다른 세 개의 힘과 같은 선상에 놓고 생각할 수 있게 된 것입니다. 이것이 바로 초끈이론이 네 개의 힘을 통일할 수 있을지도 모른다고 기대하는 이유입니다.

그리고 두 번째가 초대칭성이라는 개념입니다. 초끈이론의 '초'는 초대칭성이라는 개념에서 온 것입니다. 소립자의 대칭성에서는 P대칭성이나 C대칭성 얘기를 했는데, 이 밖에도 새로운 대칭성에 대해 생각해 보자는 것입니다. 네 가지 힘을 통일하기 위해서는 물질을 만드는 페르미온과 힘을 전달하는 보손을 하나로 만들어야 합니다. 페르미온과 보손은 일반적으로 생각하면 하나로 만들기 어렵지만 초대칭성을 도입하면 가능합니다.

다만 초대칭성 개념을 도입하면 소립자 수가 갑자기 증가합니다. 대략적으로 말하면 현재 페르미온은 12종이 있습니다. 이들 입자에는 반입자가 있기 때문에 입자와 반입자를 합하면 24종이 됩니다. 또한 오른쪽 돌기냐 왼쪽 돌기냐까지 구별하면 입자의 수는 두 배인 48종으로 늘어나고 맙니다. 여기에 보손이 12종이라고 알려져 있으므로 입자의 수는 50종 이상이 됩니다. 여기에 초대칭성까지 고려하면 입자의 수는 또다시 두 배가 되어 100종을 넘게 됩니다.

이게 무슨 뜻인가 하면 초대칭성이 있다고 생각하면 이미 알려져 있는 입자와 반입자를 초대칭성으로 반전시킨 새로운 파트너 입자가 존재해야 한다는 겁니다. 물리학자들은 이 파트너를 초대칭 짝입자라고 부릅니다. 이런 개념을 도입함으로써 초끈이론은 네 개의 힘을 하나로 통합하려 하고 있습니다.

참고로 초대칭 짝입자 중에서도 가장 가벼운 뉴트랄리노 neutralino는 안정적인 입자로 추정되기 때문에 유력한 암흑물질 후보로 거론될 정도입니다. 이 입자는 광자나 Z보손, 그리고 나중에 등장할 힉스입자의 파트너입니다. 전기적으로 중성이며 스핀이 2분의 1이므로 중성미자의 친척 같은 입자입니다.

우주에 우리가 존재하는 이유 - 중성미자

이쯤에서 중성미자 얘기로 돌아가 봅시다. 앞 장에서 물질인 왼쪽 돌기반시계 방향 중성미자를 추월해 뒤돌아보면 무엇처럼 보이겠느냐는 질문을 했는데, 뒤돌아본 순간 눈에 들어오는 오른쪽 돌기시계 방향 중성미자는 어쩌면 반중성미자가 아닐까 추측되고 있습니다. 그리고 이런 접근 방법은 우주에 대한 우리의 커다란 궁금증을 해결해 줄지도 모릅니다.

만약, 시계 방향 중성미자가 반중성미자라면 우리가 이 우주에 존재하는 건 중성미자 덕분이라 할 수 있습니다. 물질은 반물질과 만나면 어마어마한 에너지를 방출하며 소멸해 버립니다.

물질과 반물질은 항상 1:1로 짝을 이루어 소멸하면서 에너지로 변하고, 그 에너지는 다시 한 쌍의 물질과 반물질을 생성합니다.

갓 태어난 우주에는 엄청난 양의 에너지가 존재했기 때문에 물질과 반물질 둘 다 많았습니다. 물질과 반물질은 항상 짝을 이루어 태어나므로 그 비율은 같았다고 볼 수 있습니다. 그런데 물질과 반물질이 정말 1:1로 생겨났다면 우주가 점점 팽창하며 식는 과정에서 물질과 반물질이 다시 만났을 때 1:1로 소멸하므로 최종적으로 우주에는 아무것도 남지 않고 텅텅 비게 되겠죠. 하지만 우주는 그렇게 되지 않았고 이렇게 우리가 존재합니다. 어떻게 된 일일까요?

그 열쇠를 쥐고 있는 게 바로 중성미자입니다. 우주는 생성 초기에 분명 엄청난 에너지를 갖고 있었고 물질과 반물질이 1:1의 비율로 생성되었습니다. 그런데 중성미자의 경우는 초월하여 앞에서 뒤돌아보면 반중성미자처럼 보일 수도 있기 때문에 중성미자만큼은 물질과 반물질을 교체할 수 있는 힘이 있는 게 아닌가 하는 것입니다.

즉 중성미자와 반중성미자 역시 다른 물질·반물질 커플처럼 1:1로 생성되기는 했으나 중성미자가 살짝 장난을 쳐서 10억 개 중에 한 개만 반중성미자와 물질인 중성미자의 균형을 깼을 가능성 말입니다. 만약 그런 일이 있었다면 물질과 반물질이 만

왜, 우리가 우주에 존재하는가?

나 소멸해도 마지막에 남은 개수가 다르므로 모두 소멸되지 않고 약간의 물질이 남게 됩니다. 이때 남은 물질이 별과 은하를 만들고 우리가 된 것입니다.

반물질을 약간만 물질로 만들 수 있다면, 이 우주에 물질만 남게 된 이유를 설명할 수 있습니다. 그러기 위해서는 반물질을 물질로 바꾸는 방법을 알아내야 하는데, 다만 보통 입자를 가지고 반물질을 물질로 바꾸기는 무척이나 어렵기 때문에 고난도의 기술이 필요할 것입니다. 왜냐하면 보통 입자는 전기적 성질을 띠고 있기 때문입니다. 양전기를 띠는 입자의 반물질은 음전기를 띠기 때문에 상식적으로 생각하면 전기적 성질이 영향을 미쳐 물질과 반물질이 바뀔 수는 없습니다.

그런데 중성미자는 전기가 없는 데다 무게가 있습니다. 이 조건이라면 추월하여 뒤돌아봤을 때, 왼쪽 돌기를 오른쪽 돌기로 볼 수도 있을 것입니다. 바로 이런 현상을 이용해 물질과 반물질을 교체할 수도 있을 거라는 가능성이 예측됐습니다. 어쩌면 이런 방법으로 반중성미자가 중성미자로 변하는 반응이 일어날지도 모른다고 기대해 볼 수 있습니다. 그래서 그 반응을 포착하기 위한 실험을 캄랜드에서 하기로 했습니다.

3장에서 설명했듯이 캄랜드 관측 장치에는 다량의 기름_{액체 신틸레이터-옮긴이}이 들어 있습니다. 과학자들은 이 기름에 제논 가스

중성미자가 장난꾸러기라고?

를 용해함으로써 반중성미자가 중성미자로 변하는 현상을 관측할 수 있을지도 모른다고 추측합니다. 제논의 원자핵은 무척 크기 때문에 그 안에는 많은 중성자가 있는데, 이 중성자가 베타 붕괴라는 현상을 일으키면 전자와 반중성미자가 발생합니다.

반중성미자는 오른쪽 돌기 입자이지만 근거리에 있는 중성자 입장에서는 왼쪽 돌기 중성미자처럼 보일지도 모릅니다. 만약, 그렇게 보인다면 중성자는 반중성미자를 흡수할 수 있게 되므로 또 하나의 전자를 방출합니다. 즉 제논의 원자핵이 두 개의 전자를 방출하고 다른 것은 아무것도 방출되는 것이 없다면 제논 원자핵 내부에서 발생한 반중성미자가 중성미자로 변했다는 얘기가 되는 겁니다. 캄랜드 관측 실험은 이런 반응을 찾는 실험입니다. 이 실험은 이미 시작되었고 반중성미자와 중성미자가 교체되는, 대단히 진귀한 반응을 세계 최초로 목격하게 될지도 모르기 때문에 이 실험에 거는 기대가 대단히 크다고 할 수 있습니다.

중성미자로 알아보는 물질과 반물질의 움직임

단, 이 캄랜드 실험이 성공한다 해도 증명할 수 있는 것은 물질과 반물질이 교체되는 것까지입니다. 그 결과를 통해 우리가 이 우주에 존재하는 이유를 완벽하게 설명할 수는 없습니다. 왜냐하면 물질을 반물질로 바꿔도 됐는데, 왜 반물질을 물질로 바꾸었는가라는 이유를 설명할 수 없기 때문입니다. 물질이 남은 이유를 설명하기 위해서라도 물질과 반물질의 행동에 차이가 있어야만 하는 것입니다.

그 차이를 조사하는 데 있어서도 중성미자가 큰 활약을 하고 있습니다. 중성미자는 모두 세 종류가 있는데 어떤 종류의 중성미자가 다른 종류의 중성미자로 변했다는 걸 알게 되었으므로 이 성질을 이용하면 물질과 반물질의 행동의 차이를 발견할 수 있지 않을까 기대가 모아지고 있습니다. 예를 들어 뮤우 중성미자가 전자 중성미자로 변할 확률을 조사하고, 다음으로 반뮤우 중성미자가 반전자 중성미자로 변할 확률을 측정하는 방법으로 이 둘의 차이를 관측할 수 있는 가능성이 있는 것입니다. 중성미자와 반중성미자의 차이를 알면 우주가 시작되었을 무렵 왜 물질이 남고 반물질은 소멸해 버렸는가라는 물음의 답에 단번에 가까워질 수 있을지도 모릅니다.

전자 중성미자로 변한 뮤우 중성미자

단, 이 실험의 대전제가 되는 뮤우 중성미자가 전자 중성미자로 변화하는 반응이 아직 발견되지 않았기 때문에 우선은 그 반응을 찾는 실험이 2010년부터 시작되었습니다.

이는 일본의 이바라키 현 나카 군 도카이무라茨城県 那珂郡 東海村

중성미자가 장난꾸러기라고?

에 있는 J-PARC라는 가속기에서 만든 중성미자 빔을 약 300킬로미터 떨어진 가미오카 광산의 슈퍼 가미오칸데에서 포착하려는 실험입니다. 이 실험은 도카이무라의 머리글자인 T와 가미오카의 머리글자인 K를 따서 T2K실험이라 부릅니다.

이름만 보면 일본 단독 실험 같지만 사실은 국제 공동실험이며, 12개국의 실험 물리학자 500명이 팀을 이루는 대규모 실험입니다. 500명 가운데 일본인은 100명이 조금 안 되며, 400여 명이 외국인입니다. 이 정도의 사람이 일본에 모여 실험을 하는 시대가 된 것입니다.

이 실험은 300킬로미터 떨어진 장소에서 쏜 빔을 포착하기 때문에 타이밍을 맞추는 게 무척 중요합니다. 이 정도 거리면 "하나, 둘, 셋"을 외치고 쏠 수는 없는지라 자동차 내비게이션으로 사용하는 GPS를 이용합니다. 자동차 내비게이션는 자신의 현재 위치를 알려주는 장치이므로 위치만 알려줄 뿐이라고 생각할지도 모르지만 사실 이 장치의 최대 장기는 시간을 측정하는 것입니다. 시간을 정밀 측정할 수 있기 때문에 장소를 정확히 계산해낼 수 있는 것이죠.

중성미자가 300킬로미터를 가는 데 걸리는 시간은 1000분의 1초 정도입니다. GPS를 이용하면 1000분의 1초라는 시간을 측정할 수 있으므로 이를 이용해 측정해 보면 분명 빔을 쏜 순간부터 1000분의 1초 후에 슈퍼 가미오칸데에서 중성미자를 포착할 수 있습니다.

그런데 이 실험이 시작되고 반 년 후 동일본대지진이 발생해 도카이무라의 J-PARC도 큰 피해를 입었습니다. 그 후 복구까지 1년 가까이 걸렸고 그동안 실험이 중지되고 말았죠. 단, 재해 이전까지 모은 자료를 분석해 보니 99.3퍼센트 정확도로 뮤우 중성미자가 전자 중성미자가 된다는 결론을 얻었습니다. 이 역시 전 세계를 놀라게 한 빅뉴스가 되었습니다. 보통은 99.3퍼센트의 확률이니까 이 정도면 된 거 아니냐고 생각할 테지만, 유감스럽게도 물리학에서는 이 정도는 확실과는 아주 거리가 멉니다. 대부분의 경우는 99.9999퍼센트까지 확실하지 않으면 발견이라고 하지 않거든요. 그래서 이 결과는 발견이 되지 못했습니다.

J-PARC는 2011년 12월에 복구되어 지금은 실험이 재개되었습니다. 그런데 J-PARC의 운전이 정지된 동안, 중국의 연구팀이 전혀 다른 방법의 실험을 통해 뮤우 중성미자에서 전자 중성미자로 변화하는 중성미자 진동을 발견한 것입니다.

중국 연구팀은 가속기를 사용하지 않고 원자로에서 나오는 중성미자를 포착하는 방법을 사용했는데, 6기의 원자로가 있는 발전소 인근과 멀리 떨어진 장소에 각각 중성미자 검출기를 설치하고 가까이서 측정한 결과와 멀리서 측정한 결과를 비교했습니

중성미자가 장난꾸러기라고?

다. 발전소 인근에서 측정한 결과를 토대로, 멀리까지 이동하는 뮤우 중성미자의 수가 10,130개일 거라는 계산이 나왔는데 실제로 측정해 보니 9,900개밖에 포착되지 않았습니다.

이 정도 감소했다면 뮤우 중성미자에서 전자 중성미자로 변하는 중성미자 진동이 확실히 발견되었다고 할 수 있습니다. 중국 팀의 발표에 따르면 이 결과가 틀렸을 가능성은 0.0000001퍼센트밖에 되지 않는다고 합니다.

사실 중국뿐 아니라 한국에서도 이와 비슷한 실험이 이루어졌고, 한국 역시 거의 비슷한 정확도의 수치를 얻었다고 보고했습니다. 지진으로 실험장치가 망가져 일본 팀의 실험이 중지된 사이, 아쉽게도 중국과 한국에 추월을 당한 것입니다.

하지만 일본 팀도 이대로 있을 수만은 없습니다. 역전을 위해서라도 더 거대한 실험을 계획하고 있습니다. 지금 연구자 그룹이 생각하고 있는 것은 슈퍼 가미오칸데보다 20배 더 많은 100만 톤의 물을 저장할 수 있는 새로운 실험 장치 건설입니다. 후보지는 정해졌고 시굴 조사도 완료했습니다.

실제로 이런 장치를 만들 수 있다면, 표적의 크기가 20배가 되므로 얻을 수 있는 자료의 양도 20배가 됩니다. 하지만 이 정도 성과만으로는 아깝기 때문에 가능하다면 발사 빔도 강력하게 만들어 더 많은 자료를 얻고자 하고 있습니다.

더 강력한 빔을 만드는 방법은 현재 연구 중에 있으나 뮤우 중성미자가 전자 중성미자로 변하는 구조와 반뮤우 중성미자가 반전자 중성미자로 변하는 구조를 자세히 파악한 다음, 이 두 현상을 정밀하게 비교할 수 있게 된다면 물질이 남고 반물질이 사라져 버린 이유를 알게 되지 않을까 생각합니다.

[Q & A]

질문 현재 남아 있는 물질은 원자핵 등 무거운 것이 많고, 중성미자는 거의 관계가 없다고들 하는데, 반중성미자가 중성미자로 변해도 원자핵 등과는 별 관계가 없을 것 같은데 어떤가요?

무라야마 아주 좋은 질문입니다. 물리학자들 역시 오랫동안 그렇게 생각해 왔습니다. 그 생각이 바뀐 것이 1985년이지요. 상당히 장기간의 토론을 거쳐 최종적으로 알게 된 것은 다음과 같습니다.

우주에는 네 가지 힘이 존재합니다. 현재의 우주는 대칭성이 파괴되어 있고 우리 일상생활에서는 약한 힘을 거의 목격하지 못합니다. 이는 약한 힘은 1나노미터의 10억 분의 1 정도의 거리까지밖에 영향을 미치지 못하므로, 원자핵 바깥으로는 거의 효과가 없습니다.

그런데 표준이론으로 알게 된 것이 그 약한 힘과 우리가 평소 주변에서 느끼는 전자기력이 사실은 같은 종류의 힘이었다는 것

중성미자가 장난꾸러기라고?

입니다. 전자기력은 우리도 느낄 수 있기 때문에 멀리까지 힘이 미친다는 걸 알 수 있습니다. 힘이 미치는 범위가 전혀 다른데 사실은 같은 종류의 힘이었다는 것이죠.

이것도 대칭성의 한 예입니다. 즉 우주 초창기에는 약한 힘과 전자기력은 대칭성이 유지되어 같은 힘이었는데, 현재는 대칭성이 파괴되어 전혀 다른 힘처럼 보입니다. 그 대칭성이 파괴된 것은 우주 전체에 힉스입자가 가득해졌기 때문이라는 것이 표준이론의 관점입니다.

우주 탄생 초기에 힉스입자는 너무 뜨거워 허공을 휙휙 날아다녔습니다. 그러면 대칭성이 유지되면서 약한 힘과 전자기력이 똑같이 행동합니다. 그럴 때는 우리 몸을 구성하고 있는 쿼크와 중성미자가 서로 교체될 수 있다는 사실을 알게 되었습니다. 지금처럼 우주가 너무 차가우면 그런 일이 생기지 않는데, 우주 초창기에는 쿼크와 중성미자가 서로 왔다 갔다 할 수 있었던 것입니다.

그러므로 중성미자 쪽에서 입자와 반입자의 불균형을 만들면 그것이 쿼크로도 전해져 쿼크와 반쿼크 사이에도 불균형이 생기고, 그 덕에 원자와 반원자에도 불균형이 생기게 되는 것입니다.

어쩐지 나비효과가 생각나는군요. 최초의 중성미자와 반중성미자의 불균형에서 시작해 우리 몸을 만드는 물질과 반물질 간에 차이가 발생하기까지 여러 단계가 있지만, 각각의 단계는 잘 알고 있으므로 최초의 중성미자와 반중성미자의 차이만 확실히 만들어주면 다음은 기본적으로 보통 물질과 반물질의 차이로 이어지게 됩니다.

6

힉스입자의
정체

힉스입자는 신의 입자?!

지금까지는 어째서 우주에 우리가 존재할 수 있게 되었는지에 관해 중성미자를 중심으로 얘기했습니다. 사실은 중성미자 외에도 우리의 존재 자체와 관련된 중요한 입자가 있는데, 바로 힉스입자입니다.

2012년 7월 4일, 힉스입자를 발견했다는 뉴스가 전 세계를 뜨겁게 달궜습니다. 이 소식을 최초로 전한 것은 스위스에 있는 유럽입자물리연구소CERN였는데, 힉스입자 시그널이 있었다고 발표한 순간, 그 자리에 있던 물리학자들은 모두 승리의 환호성을 질렀습니다.

피터 힉스Peter Higgs 박사가 힉스입자의 존재를 예언한 것은 지금으로부터 약 50년 전인 1964년의 일입니다. 그 예언을 확인하기 위한 실험 구상이 시작된 것이 약 30년 전. 그리고 그 구상을 바탕으로 장치를 만들기 시작한 것이 10년 전, 그리고 드디어 힉스입자 포착에 성공한 것입니다. 그날, 발표장에는 힉스 박사도 달려가 발표 순간을 지켜보았습니다.

힉스입자를 탐색하는 데는 일본 연구팀도 공헌을 했습니다. 일본 팀은 도쿄대학교의 아사이 쇼지浅井祥仁 박사를 중심으로 자료 분석을 진행했는데, 아사이 박사는 발표를 듣고자 모인 일본 사람들을 위해 CERN의 발표를 인터넷으로 중계·해설해 주었습니다. 내가 소장을 지냈던 도쿄대학교 국제고등연구소 우주의 물리학과 수학 연구소IPMU에서도 다 같이 모여 CERN발 중계를 지켜보았습니다. 유감스럽게도 그 순간 나는 미국의 자택에 있었기 때문에 그 자리를 함께할 수는 없었지만 미국에서도 영상 회의 시스템을 이용해 도쿄의 동료들과 발표 순간을 함께했습니다. 미국 서부시간으로 발표는 새벽 1시에 끝났는데, 너무 흥분한 나머지 그날 밤은 잠을 이루지 못했던 기억이 납니다. 전 세계의 물리학자들이 흥분을 감추지 못했던 하루였습니다.

그런데 이렇게 물리학자들을 흥분시킨 힉스입자의 정체는 대체 무엇일까요? 소립자 표준이론에서는 모든 소립자는 원래 무게가 없다고 되어 있습니다. 그런데 쿼크, 전자, 중성미자 등 대부분의 소립자는 무게가 있고 이 모순을 해결하기 위해 고안된 것이 힉스입자입니다.

예를 들어 전자는 원래는 무게가 없을 것이므로 광속으로 재빨리 통과하려고 하지만, 그러려고 하면 힉스입자에 쾅쾅 부딪혀 속도가 느려집니다. 이 느려진 정도만큼 전자는 무게를 얻고 마는 것입니다. 즉 일반적인 소립자는 공간을 통과할 때 힉스입자의 방해를 받아 무게를 획득하는 시스템인 것입니다.

자, 그렇다면 힉스입자는 공간에 얼마만큼 차 있을까요? 각설탕만 한 공간에 무려 약 10^{50}조 개가 존재한다고 합니다. 우리가 실제로 느낄 수는 없지만 우리는 힉스입자로 가득 찬 공간 안에서 활동하고 있는 셈입니다. 이렇듯 힉스입자는 다른 입자보다 훨씬 높은 밀도로 존재한다고 여겨집니다. 다만, 물리학자들은 이렇게 생각하지만 현실 세계의 힉스입자는 아직 발견되지 않았으므로 우주 공간이 정말 힉스입자로 가득한지는 아직 확인되지 않았습니다. 이 부분은 앞으로의 연구 과제겠지요.

힉스입자를 발견한 것은 CERN이 스위스 제네바에 만든 LHC라는 아주 커다란 장치입니다. 스위스와 프랑스 국경 부근 지하에 있는 이 장치는 길이가 27킬로미터나 되는, 일본 도쿄의 야마노테센이라는 순환열차 노선과 맞먹는 규모입니다. 이 정도로 큰 터널 안에 초전도자석 등의 최첨단 기기가 가득 설치되어 있습니다.

이 터널은 원형이므로 터널 안에 들어가면 중간 중간 굽어 있다는 걸 느낄 텐데, LHC는 너무 커서 쭉 뻗은 직선으로 보입니다. 이 커다란 원형의 터널 안에서 두 개의 양성자빔을 초전도자석을 이용해 가속시키다가 고에너지 상태에 이르면 충돌시킵니다.

이렇게 함으로써 갓 탄생했을 무렵의 우주를 만들려고 하는 것입니다. 이른바 빅뱅을 재현하려는 것이죠. 물론, 빅뱅을 그대로 재현하면 위험할 것입니다. 또 다른 우주가 생기면 곤란할 테니까요. LHC가 운전을 시작하기 전에, 정말로 그렇게 생각하는 사람들이 반대운동을 했지만 진짜로 빅뱅을 만들 수는 없습니다. 이 실험은 우주 초기에 일어난 반응을 실험실에서 아주 작은 규모로 만들어보려는 시도였습니다. 그러니까 빅뱅이 아니라 리틀 뱅을 위한 시도였던 셈입니다. 그런 반응을 일으킴으로써 우주 초창기의 상태를 알 수 있을 거라는 단순한 아이디어였습니다.

힉스입자는 신의 입자라고도 불립니다. 이 별명은 1988년에 노벨 물리학상을 수상한 리언 레더먼Leon Lederman 박사가 자신의 저서 제목에서 힉스입자를 'god particle'이라 칭하면서 시작되었습니다. 그런데 진짜 같은 소문에 따르자면 레더먼 박사는 힉스입자에 신의 입자라는 멋진 이름을 붙일 생각은 아니었던 것 같습니다. 30년 이상 열심히 찾아 헤매도 좀처럼 모습을 드러내지 않자 진력이 나서 '이 망할 놈의 입자'라는 뜻의 'goddamn particle'이라고 했는데, 뒤가 짧아지면서 'god particle'이 되었다고 합니다. 이 얘기가 진짜라면 원래는 좋은 의미가 아니었던 것 같지만, 그만큼 힉스입자는 오랜 세월 물리학자들의 애를 태우고 나서야 겨우 발견되었다는 걸 알 수 있습니다.

경차를 충돌시켜 전차를 찾다

LHC에서는 양성자를 굉장한 속도로 가속·충돌시키는데, 이 실험 과정에는 몇몇 어려움이 있었습니다. 우선 이 실험을 하기 위해서는 아주 빠른 양성자를 만들어야 하는데 제작까지는 여러 단계를 거쳐야 합니다.

처음에 하는 일은 가속시키기 위한 양성자를 만드는 것입니다. 물론 양성자는 우리 몸 안에도 있기 때문에 그것을 가져오면 얘기가 쉬워집니다. 가장 간단한 것은 수소원자에서 전자를 제거하는 방법이겠네요.

이렇게 만든 양성자를 가속시키는데, 그렇다고 해서 단번에 가속시킬 수 있는 것은 아닙니다. 우선, 직선상의 가속기에서 가속시킨 다음, 전체 길이 628미터의 양성자 싱크로트론Proton Synchrotron, PS으로 가속시킵니다. 이는 1959년, 즉 50년 이상 전에 만들어진 장치이기 때문에 이렇게 저렇게 손을 봐가면서 사용하고 있습니다. 앞으로 여러 가지 수리가 필요해지겠지요.

PS에서 가속시킨 후, 슈퍼 양성자 싱크로트론SPS이라는 별 생각 없이 지어진 이름의 가속기에 들어갑니다. SPS는 전체 길이 7킬로미터로 SP보다 더 속도를 올릴 수 있습니다. SPS를 제작한 것이 1976년이니까 이 역시 40년 가까이 가동되고 있는 장치입니다. 이 정도 가속시킨 다음에야 드디어 가장 큰 LHC에 양성자를 넣습니다. LHC라는 이름 역시 사실 별로 흥미롭지 못합니다. Large Hadron Collider의 약자인데 해석하자면 '양성자를 충돌시키는 커다란 장치'라는 아주 단순한 뜻입니다. 그건 그렇고 양성자는 LHC 안에서 빙빙 돌면서 최종 단계까지 가속된 다음 여러 번 충돌합니다.

단, 양성자를 단순히 충돌시키기만 해서는 무슨 일이 일어나고 있는지 알 수 없기 때문에 이를 알아내기 위한 측정 장치가 필요합니다. 양성자를 가속시키기 위한 가속기는 대단히 컸는데, 측정 장치 역시 규모가 대단합니다. 이번에 LHC를 사용해 힉스 입자를 찾은 것은 아틀라스와 CMS라는 두 개의 실험 장치였습니다.

일본이 참여한 것은 아틀라스 실험인데, 이 실험 장치는 높이가 22미터나 되며 슈퍼 가미오칸데를 옆으로 눕힌 정도의 규모입니다. 또 다른 장치인 CMS는 아틀라스보다는 작지만 그래도 높이가 15미터에 이릅니다. 일반인들에게는 둘 다 거대한 장치로 느껴질 것입니다. 그런데 양성자라는 아주 작은 존재의 충돌을 조사하는 데 왜 이처럼 거대한 장치가 필요한 걸까요?

이들 장치는 LHC의 지하 터널 안에 들어 있고, 가속된 양성자가 이 장치로 날아 들어옵니다. 그리고 반대쪽에서 마찬가지로 가속된 또 다른 양성자가 날아 들어와 중앙에서 정면충돌하면 여기서 여러 가지 것들이 방출됩니다.

두 개의 양성자를 정면충돌시키면 산산이 부서질 거라는 건 직감적으로 알 거라 생각합니다. 이 상태는 안에 팥이 든 두 개의 찹쌀떡을 양쪽에서 던져 정면충돌시키는 장면을 상상하면 좋을 것 같군요. 찹쌀떡을 충돌시키면 안에 들어있던 팥소가 분출될 것입니다. 마찬가지로 양성자들도 충돌하는 순간에 여러 가지 것들이 분출됩니다. 하지만 힉스입자를 찾는 데 있어 분출되는 팥소는 그다지 흥미로운 존재가 아닙니다. 그럼, 무엇이 흥미로울까요? 바로 충돌 순간에 새롭게 생성되는 물질입니다. 이것이 아인슈타인이 말한 에너지와 질량의 등가성입니다. 그리고 이를 표현한 것이 $E=mc^2$라는 유명한 식입니다. 이 식은 아주 큰 에너지를 쏟아 부으면 무게를 갖는 물질로 변환할 수 있다는 것을 보여줍니다. LHC에서의 실험은 두 개의 양성자를 충돌시켜 더 무거운 입자를 만들려는 것입니다. 예를 들면, 두 대의 경차를 엄청난 속도로 달리게 한 다음 충돌시켜서 얻은 큰 에너지로 불도저나 전차를 만드는 것과 같습니다. 그러므로 힉스입자를 찾는 연

힉스입자의 정체

구팀에게 산산이 부서진 경차의 조각은 방해가 될 뿐이며, 그들은 거기서 나오는 전차 같은 존재를 찾고 있는 것입니다.

1000조 번의 충돌로 얻은 10개의 힉스입자

일본 팀도 참가한 아틀라스 실험의 아틀라스라는 이름은 그리스 신화에 나오는 신의 이름에서 따왔습니다. 아틀라스는 지구를 떠받치고 있는 신인데, 이 그룹이 사용하는 장치가 높이 22미터에 달하는 거대 규모이다 보니 그런 이름을 붙이는 것도 이해가 됩니다. 그리고 이 거대한 장치를 제작하는 데는 10년이라는 시간이 걸렸습니다.

두 개의 양성자가 충돌하면 그 충돌로 인해 많은 입자가 사방팔방으로 튑니다. 아틀라스 실험에서는 이들 입자를 모두 포착하기 위해 성질이 다른 여러 종류의 관측 장치가 다중 구조로 설치되어 있습니다. 장치가 하나뿐이면 한 종류의 입자만 포착할 수 있지만, 여러 장치를 설치함으로써 어떤 입자가 만들어지든 포착할 수 있게 한 것입니다.

아틀라스 실험과 CMS 실험은 같은 LHC를 사용하고 있지만 언제나 경쟁 관계에 있습니다. 이 두 팀은 똑같이 두 개의 양성자를 충돌시켜 관측하고 있습니다. LHC의 어떤 곳에는 아틀라스 장치가 있고, 다른 곳에는 CMS 실험 장치가 있습니다. 이런 상황에서 함께 자료를 수집하며 서로 '우리 팀이 최초로 힉스입자를 발견할 것'이라며 열심히 경쟁하고 있답니다.

조금 전에도 말했지만 두 실험 모두 두 개의 양성자를 충돌시키는데, 거기서는 관측하고자 하는 힉스입자는 정말 소량밖에 만들어지지 않습니다. 두 개의 양성자를 한 번 충돌시키면 거기서 많은 입자로 나뉘고, 그런 충돌을 여러 차례 반복합니다. 매회 충돌할 때마다 다른 입자들이 방출되기는 하지만 대부분이 이 힉스입자와는 아무런 관계도 없는 것들뿐입니다.

두 실험 모두 1년에 1000조 번 이상 충돌을 반복하는 동안, 10개 정도 힉스입자와 관계된 입자가 발견되면 다행이라고 생각하는 정도니까요. 말하자면 매립지에 버려진 쓰레기 가운데 낡은 셔츠 주머니에 들어있던 바늘 한 개를 찾는 정도의, 그야말로 힘겨운 작업입니다.

그런데 이런 작업이 가능해진 것은 관측기기와 더불어 컴퓨터 기술이 발달했기 때문입니다. 수많은 자료를 컴퓨터로 동시 처리하고 그중에서 필요한 것을 가려낼 수 있게 되면서 힉스입자와 관련된 입자의 존재를 확인할 수 있게 된 것입니다. 특히 위력을 발휘한 것이 그리드컴퓨팅입니다. 이는 전 세계에 산재하는 무수한 컴퓨터를 네트워크로 연결해 한 대의 슈퍼컴퓨터처럼 이용하려는 것으로 자신이 원하는 계산을 네트워크상에서 실행하

힉스입자의 정체

면 전 세계의 컴퓨터 중에서 가장 한가한 것을 자동으로 사용하는 시스템입니다. 그러므로 일본에서 입력한 계산을 독일에 있는 컴퓨터에서 실행할 수도 있습니다. 이처럼 각국의 협력을 통해 비로소 방대한 자료 중에서 원하는 것을 찾을 수 있게 된 것입니다.

99.99994%의 확실성

LHC에서의 실험이 본격적으로 시작된 것은 2010년이었습니다. 사실 LHC는 2008년에 가동하기 시작했지만 바로 고장이 발견되어 잠시 수리를 했기 때문에 본격적인 출발이 늦어졌습니다.

2010년부터 시작된 실험은 순조롭게 진행되어 조금씩 자료가 축적되었습니다. 그리고 2011년 12월에 제1회 미팅이 열렸습니다. 당시 발표의 결론은 아직 확실히 알 수는 없다는 것이었습니다. 자료 중에는 힉스입자처럼 보이는 징후도 있었지만 확률이 낮았기 때문에 단정할 수 없다는 것이었죠. 당시에 말했던 틀릴 확률이라는 것이 주사위를 두 번 던져 2회 연속 6이 나올 정도의 확률이었습니다. 이런 일은 종종 발생하기 때문에 관측된 것이 절대적으로 힉스입자라고는 할 수 없다는 것이었습니다. 그러므로 공식적으로는 아직 확실히 알 수 없다고 할 수밖에 없었습니다.

실험에서는 아무리 열심히 자료를 모은다 해도 틀릴 가능성이 0이 되지는 않습니다. 사람이 하는 일이기 때문에 틀릴 가능성은 있습니다. 그리고 쓰레기 더미처럼 관계없는 자료들 속에서 바늘 하나같은 원하는 자료를 찾고자 하는 것이므로 가끔은 쓰레기가 찾고 있는 자료처럼 보이기도 합니다. 그러므로 정신을 바짝 차리고 주의해야 합니다.

실수를 하지 않기 위해서라도 소립자물리학 실험에 관계된 사람들은 굉장히 엄격한 조건을 수행합니다. 뭔가 새로운 것을 발견했을 때, 틀릴 가능성이 0.3퍼센트밖에 되지 않을 때, 즉 99.7퍼센트 확실할 때 비로소 새로운 것의 증거를 포착했다고 말할 수 있습니다. 하지만 이 단계를 발견이라고 하지는 않습니다. 어디까지나 증거를 포착했을 뿐입니다. 소립자 물리학계의 전문 용어로는 99.7퍼센트의 확실성을 3시그마라고 합니다. 시그마란 통계학에서 자주 사용하는 표준편차라는 뜻입니다.

개인적으로 그다지 좋아하지는 않지만 일본의 대학입시에 자주 등장하는 편차치가 있지요? 편차치는 평균이 50입니다. 그리고 1시그마, 표준편차 1이 되면 편차치가 10만큼 늘어 60이 됩니다. 3시그마의 경우는 편차치가 80입니다. 입시에서 편차치가 80인 사람은 매우 드물겠지만, 소립자의 경우는 아직 발견했다고 말할 수 없는 수준입니다.

발견했다고 말하기 위해서는 확실성을 99.99994퍼센트까지 끌어올려야 합니다. 이는 5시그마, 편차치 100에 해당합니다. 편차치가 100이라는 것은 인구 1억 명 중 40명 정도입니다. 일본인 전체를 향해 아무렇게나 돌을 던졌을 때 특정한 40명이 맞을 정도로 틀릴 가능성이 낮을 때, 그때 비로소 발견이라고 말할 수 있습니다.

2011년 12월 단계에서는 확실성이 아직 99.7퍼센트에도 미치지 못했기 때문에 확실히는 알 수 없다고 발표했지만, 그로부터 얼마 지나지 않은 반년 후인 2012년 7월에 99.99994퍼센트까지 확실성을 높일 수 있었기 때문에 발견했다는 뉴스를 내보낼 수 있었습니다.

광자와 뮤온을 찾아라

아틀라스와 CMS는 둘 다 힉스입자를 찾는 실험이지만 힉스입자 자체를 포착하는 것은 아닙니다. 힉스입자가 발생한 후에 생기는 흔적 같은 것을 관측하는 거죠. 그렇다면 대체 무엇을 관측하는 걸까요?

힉스입자의 흔적은 몇몇 형태로 나타나는데, 그중 하나가 광자입니다. 광자는 우리가 평소에 보는 빛의 입자를 말합니다. 고에너지인 양성자를 충돌시켰을 때 찹쌀떡의 팥소에 해당하는 양성자에서 비롯된 많은 입자 가운데 두 개의 광자를 관측할 수 있습니다. 이 두 개의 광자는 힉스입자가 붕괴된 것입니다.

조금 이상한 얘기지만 빛은 빛으로 볼 수가 없습니다. 빛과 빛은 충돌하지 않기 때문에 존재해도 느낄 수가 없는 것입니다. 우리는 망막에 빛이 닿으면 전자가 방출되는 구조를 갖고 있기 때문에 빛을 느낄 수 있습니다. 관측기기도 마찬가지로 광자를 전자로 변환하는 장치를 추가함으로써 힉스입자에서 생성된 광자를 포착할 수 있습니다.

힉스입자의 또 다른 흔적은 전자나 뮤온 같은 경입자입니다. 뮤온은 조금 낯설죠? 뮤온은 전자의 형제에 해당하는 입자로 사실은 우주에서 우리를 향해 엄청나게 쏟아져 내리고 있습니다. 우리는 느끼지 못하지만 1초 동안 1만 개 정도의 뮤온이 우리 몸을 통과하고 있습니다.

또한 최근에는 뮤온을 화산의 분화 예측에 응용하는 연구도 진행 중입니다. 뮤온은 우리의 몸뿐 아니라 거의 모든 것을 통과하는데 사물의 밀도에 따라 통과하는 방법에 차이가 생깁니다. 마그마처럼 액체이면서 밀도가 낮은 장소는 많이 통과하고 고체인 바위 부분은 통과하는 양이 적어지기 때문에 마그마가 화산의 어디까지 올라왔는지 알 수 있게 되었습니다.

힉스입자에서 생성되는 경입자의 특징은 네 개가 한꺼번에 생

힉스입자의 정체

성되는 것입니다. 우선 힉스입자가 두 개의 Z보손으로 붕괴됩니다. 이 Z보손에서 뮤온과 반뮤온이 두 개씩, 또는 전자, 양전자가 두 개씩, 총 네 개의 입자를 관측할 수 있습니다.

아틀라스 실험과 CMS 실험은 둘 다 이렇게 힉스입자의 붕괴된 파편을 관측해 힉스입자의 증거가 되는 자료를 축적했습니다. 양성자를 충돌시키면 모든 입자가 많이 방출되지만 그중에서 힉스입자에서 생성된 광자와 경입자를 찾아야 합니다. 이것이 쓰레기 더미에서 한 개의 바늘을 찾는 작업인 것입니다.

이번 실험에서는 광자와 경입자 각각의 관측에서 모두 힉스입자가 나타났다는 시그널이 발견되었습니다. 사실은 한쪽 결과만으로는 확실하다고 단정할 수 없었는데 양쪽 결과를 함께 보니 아틀라스 실험은 5시그마, CMS실험은 4.9시그마라는 결과가 나왔기에 7월 4일 발표를 하게 된 것입니다.

이 발표를 계기로 CERN의 공식 발표가 웹 페이지에 공개되었습니다. 이 발표문에는 "CERN의 실험이 오랫동안 찾아온 힉스입자로 추정되는 입자를 관측했다"라고 쓰여 있습니다. 이 '관측'이라는 말은 '발견'을 의미합니다. 뭔가를 발견하지 못했다면 '관측했다'라고 하지 않고 '근거가 있었다', '증거가 있다'는 말을 사용할 것입니다. '관측했다'는 말에서 힉스입자는 분명히 발견되었다는 자신감을 읽을 수 있습니다.

왜, 우리가 우주에 존재하는가?

하지만 힉스입자 찾기가 이걸로 끝난 것은 아닙니다. CERN의 공식 발표에서도 다음 단계에 대해 언급하고 있습니다. 그에 따르면 발견된 입자는 거의 틀림없이 힉스입자이지만 그것이 정말 힉스입자인지를 분명히 하고, 또 힉스입자의 성질을 밝히겠다고 되어 있습니다. 그러니 싸움은 이제부터인 셈입니다.

새로운 입자의 존재를 예언한 힉스 박사

이번 발표로 50년 이상 찾아온 힉스입자는 실제로 존재한다는 게 확실해짐에 따라, 최초로 힉스입자의 존재를 주장한 영국의 피터 힉스 박사는 2013년 노벨상을 수상했습니다. 그리고 벨기에의 프랑수와 앙글레르François Englert 박사는 동료 물리학자 로버트 브라우트Robert Brout 박사와 함께 세계 최초로 힉스입자 관련 이론을 발표한 공적을 인정받아 힉스 박사와 함께 공동수상의 영예를 안았지만 브라우트 박사는 입자 발견을 확인하지 못하고 2011년에 사망하고 말았습니다. 노벨상은 생존해 있는 사람에게만 주어지는 상이기 때문에 그는 안타깝게도 영광을 함께하지 못했습니다.

세 박사는 모두 1964년에 논문을 발표했습니다. 앙글레르 박사와 브라우트 박사는 6월에 투고한 데 반해, 힉스 박사는 8월에 투고를 했습니다. 힉스 박사가 2개월 더 늦게 발표했는데 어째서 힉스입자라는 이름이 붙었을까요? 해답은 세 명이 쓴 논문 내용에 있습니다.

앙글레르 박사와 브라우트 박사의 논문에는 "이러한 수수께끼를 해결했다"는 정도까지만 언급되어 있고, 새로운 입자에 대해서는 언급하지 않았습니다. 그런데 힉스 박사는 "이런 새로운 입자가 있을 것이다"라는 한 줄이 엄연히 적혀 있었습니다. 이 한 줄로 인해 예언되었던 입자를 힉스입자라 부르게 된 것입니다.

사실 여기에는 후일담이 더 있습니다. 힉스 박사가 "새로운 입자가 있을 것이다"라고 쓴 논문은 최초 원고에서는 이 한 줄이 빠져 있었습니다. 굉장히 중요한 항목인데 말이죠. 이 문장의 유무에 따라 입자의 이름이 바뀔 수도 있었으니 말입니다.

학술지에는 투고된 논문의 게재 여부를 심사하는 사람들referee이 있습니다. 이때 힉스 박사의 논문을 읽은 심사위원은 이 상태라면 2개월 전에 투고된 앙글레르 박사와 브라우트 박사의 논문과 내용도 같고 새로울 것이 없기 때문에 게재할 수 없다는 판단을 내렸습니다. 그런데 '이 상태로는 게재할 수 없지만 이 아이디어를 이용하면 새로운 입자가 있다는 걸 알게 되므로 이 한 줄을 추가하면 어떻겠느냐'는 제안을 했다고 합니다. 힉스 박사는 조언에 따라 그 한 줄을 추가했고 무사히 논문이 게재되었습니다. 만약 심사위원의 조언이 없었다면 힉스 박사의 인생은 달라졌을

지도 모르겠군요.

　그런데 그 심사위원이 난부 요이치로南部陽一郎 박사였다고 합니다. 학술지는 보통은 누가 심사를 하는지 공개하지 않지만 훗날 힉스 박사 자신이 그렇게 썼으니 아마 틀린 얘기는 아니겠지요. 난부 박사가 정말 그렇게까지 말을 했는지, 아니면 힉스 박사의 눈치가 빨랐던 건지는 알 수 없지만 말입니다.

자발적 대칭성 깨짐

표준이론에서 힉스입자는 없어서는 안 되는 존재입니다. 그런데 힉스 박사는 어떻게 힉스입자를 생각해 낼 수 있었을까요? 이 질문은 힉스 박사가 풀려고 했던 문제는 무엇이었는가로 바꿀 수 있습니다. 이 문제를 간단히 말하면 태양은 왜 이글이글 불타고 있는가가 됩니다.

　태양은 많은 열과 빛을 방출합니다. 그 에너지원은 핵융합반응인데, 이로 인해 태양이 불타는 거라고 알려져 있습니다. 여기서는 조금 더 구체적으로 살펴보겠습니다. 핵융합반응의 연료는 양성자입니다. 이것은 LHC에서 충돌시키고 있는 양성자와 같은 것으로 수소원자의 원자핵입니다.

　태양에서는 네 개의 수소원자가 융합해 헬륨원자가 됩니다. 이때 융합되기 전 네 개의 수소원자의 무게와 생성된 헬륨의 무게를 비교해보면 헬륨이 더 가볍습니다. 그런데 잘 생각해보면 이상하죠?

LHC 실험에서는 두 대의 경차를 충돌시키면 전차가 만들어진다고 했는데, 태양에서 일어나는 핵융합의 경우는 네 개의 찹쌀떡을 합체하여 만들어진 커다란 떡의 무게가 원래 작은 떡 세 개를 합한 정도밖에 되지 않다니요. 한 개 분의 무게는 어디로 사라진 걸까요?

사실 이것도 조금 전에 등장한 $E=mc^2$와 관련이 있습니다. 핵융합으로 인해 사라진 무게는 바로 에너지로 바뀐 것입니다. $E=mc^2$에서는 무게와 에너지는 상호 변환될 수 있다고 하므로 재료보다 완성품이 가볍다는 것은 가벼워진 만큼 에너지로 바뀌었다는 얘기입니다. 그리고 발생한 에너지로 인해 태양이 빛나는 것입니다. 사실 태양은 1초에 40억 킬로그램씩 가벼워지고 있습니다. 그 만큼이 에너지로 바뀌어 열과 빛의 원동력이 되고 있습니다. 그러므로 태양은 그야말로 뼈와 살을 깎아 우리에게 에너지를 공급해주고 있는 것입니다.

핵융합으로 만들어지는 게 에너지뿐만은 아닙니다. 이때 중성미자도 함께 만들어집니다. 중성미자가 발생하는 데는 약한 힘이 작용합니다. 이 힘은 1나노미터의 10억 분의 1이라는 아주 짧은 거리까지밖에 미치지 못하지만, 이것이 무엇인가에 의해 핵

왜, 우리가 우주에 존재하는가?

융합이나 핵분열에 영향을 미치니 사실 우리도 일상에서 신세를 지고 있다고 할 수 있습니다.

그리고 이 약한 힘을 자세히 살펴보니 기본적으로 전자기력과 같은 힘이라는 걸 알게 되었습니다. 전자기력은 약한 힘과는 달리 거의 무한대라 할 정도로 힘의 영향이 멀리까지 미칩니다. 이렇듯 힘이 작용하는 거리에 차이가 생기는 것은 위크보손과 광자의 무게에 차이가 있기 때문입니다. 위크보손은 아주 무거운데 광자는 무게가 없습니다. 이런 차이 때문에 소립자의 세계에서는 이 두 개의 힘을 분명히 구별하고 있습니다. 그런데 알고 보니 약한 힘과 전자기력이 원래는 같았다는 것입니다.

이 '같은 것'이라는 의미는 두 개의 힘 사이에 대칭성이 유지되었음을 의미합니다. 우주 초기 무렵처럼 에너지가 높은 상태에서는 약한 힘과 전자기력은 서로 같은 것으로 취급할 수 있었습니다. 즉 관점을 바꾸면 각각의 힘을 전하는 위크보손과 광자를 같은 것으로 취급할 수 있었다는 것을 뜻합니다.

그렇다면 왜 지금은 위크보손과 광자에 구별이 생기고 약한 힘과 전자기력이 다른 힘으로 취급되는 걸까요? 간단히 말하면 이 두 힘의 대칭성이 깨졌기 때문입니다. 그리고 이 대칭성의 파괴에 힉스입자가 관련되어 있습니다. 우주가 아직 태어난 지 얼마 되지 않아 뜨거웠을 때는 힉스입자의 에너지가 많았고 대칭

힉스입자의 정체

성도 있었지만, 점점 식으면서 힉스입자의 에너지가 낮아져 대칭성이 깨진 것으로 추측되고 있습니다.

힉스입자에서 대칭성이 깨진 결과, 대칭성을 유지하면서 동일한 존재처럼 행동하던 위크보손과 광자에도 변화가 일어나기 마련입니다. 그리고 위크보손과 광자 사이에도 결정적인 차이가 생기고, 약한 힘과 전자기력은 전혀 다른 힘으로 취급되기 시작했습니다. 즉 원래 같은 것이었던 약한 힘과 전자기력을 구별하게 만드는 것이 힉스입자였던 것입니다.

힉스입자는 에너지가 낮아지면 자연히 대칭성이 파괴되는 시스템이 내장되어 있는 것으로 추측됩니다. 난부 요이치로 박사는 이 시스템을 자발적 대칭성 깨짐이라고 표현했습니다. 힉스입자가 일으킨 대칭성의 깨짐은 약한 힘과 전자기력을 구별할 뿐 아니라 소립자에 무게를 부여하는 중요한 시스템입니다. 자, 좀 더 구체적으로 살펴보도록 하겠습니다.

힉스입자가 식어 우주에 질서가

우주는 초창기에는 아주 뜨거웠지만 급격히 팽창하면서 점점 차가워졌습니다. 차가워지면 무슨 일이 일어나는지 우리의 일상생활을 대입해서 생각해 봅시다. 예를 들어 주전자에 물을 끓이면 하얀 수증기가 피어오릅니다. 이것을 뜨거운 우주 상태라고 합시다.

수증기는 작은 물 분자가 제멋대로 아무 데로나 날아다닙니다. 이것을 점점 식히면 수증기는 물로 되돌아가고 결국은 얼음이 됩니다. 수증기에서 물로 변해도 물 분자 자체는 변하지 않지만 분자가 갖는 에너지는 작아져 제멋대로 날아다니는 활력은 사라지고 맙니다. 물 분자는 주변의 분자와 느긋하게 연결되어 이동 거리는 단번에 짧아집니다. 이것이 얼음이 되면 물 분자는 더욱 활력을 잃고 긴장 상태로 정렬을 하여 자유로운 움직임을 멈추고 맙니다. 이것이 얼음 결정을 만든 상태입니다.

물의 경우는 에너지가 높아져 뜨거워지면 수증기가 되고 식어감에 따라 물, 얼음으로 변했습니다. 이런 변화를 상전이相轉移라고 합니다. 그런데 이와 같은 현상이 힉스입자에서도 일어납니다. 우주가 갓 시작되었을 때는 주변 온도도 높았기 때문에 힉스입자도 고에너지 상태여서 수증기처럼 여기저기 날아다녔습니다. 당시는 모든 입자가 이런 상태에서 구별 없이 마음대로 날아다니기 때문에 대칭성이 유지된 상태라고 부릅니다.

그런데 우주가 식어가자 물이 얼음으로 변했듯 힉스입자가 꽁꽁 얼어 버렸습니다. 이 상태가 되면 얼음의 경우는 개개의 물 분자의 자리가 정해져 결정을 만드는데, 개별 분자가 구별되어 대칭성이 깨집니다. 마찬가지로 힉스입자가 얼어붙어 있을 때는

힉스입자의 정체

대칭성이 깨져 있으므로 그 영향을 받아 약한 힘과 전자기력이 구별되거나 소립자가 무게를 느끼게 됩니다.

물이 얼음이 되는 상전이가 발생하는 것은 0℃일 때입니다. 이에 반해 힉스입자가 얼어붙어 상전이가 발생하는 것은 4000 조℃입니다. 우주가 식어 4000조℃가 되면 힉스입자가 언다는 얘기가 감이 오지 않지요. 하지만 아무튼 이 정도 온도일 때 힉스입자가 얼어붙음으로써 이전까지 뜨거워서 무질서했던 우주에 질서가 생긴 것입니다.

지금의 우주는 분명히 4000조℃보다 낮기 때문에 우리는 얼어붙은 힉스입자에 둘러싸여 움직이고 있는 셈입니다. 힉스입자는 얼어붙어도 전자기력이나 중력을 방해하지는 않습니다. 전자기력을 전달할 때는 광자가 방출되는데, 얼어붙은 힉스입자는 진공 중에 가득 차 있어도 전기를 갖지 않으므로 광자는 힉스입자를 느끼지 못하고 진행합니다. 그러므로 전자기력은 북극에서 온 자기磁氣의 힘에 의해 손바닥 위에 있는 나침반의 N극을 북극으로 향하게 하는 것처럼, 멀리 떨어진 곳까지 미칩니다.

그런데 약한 힘은 얼어붙은 힉스입자를 느낍니다. 약한 힘을 전달하는 것은 위크보손인데, 위크보손이 아무리 멀리 가려고 해도 그 주변에는 얼어붙은 힉스입자가 가득 차 있기 때문에 움직임에 방해를 받습니다. 때문에 위크보손은 멀리까지 전달될 수 없고 약한 힘은 아주 좁은 범위에서만 움직일 수 있는 것입니다. 전자기력과 약한 힘은 원래 대칭적이며 같은 힘이었는데 힉스입자가 얼어붙은 탓에 두 힘의 대칭성이 깨져 구별할 수 있게 되었습니다.

힉스입자의 영향을 받는 것이 위크보손 같은 힘의 입자만 있는 것은 아닙니다. 우리 몸을 구성하고 있는 전자나 쿼크 등도 영향을 받습니다. 소립자는 기본적으로 빛의 속도로 날고 싶어 하는 존재입니다. 사실은 그러고 싶지만 진공 안에 힉스입자가 가득 차 있기 때문에 앞길이 가로막혀 빛의 속도보다 느려지고 맙니다. 느려진다는 것은 움직이기 어렵다는 것이므로 그만큼 무게를 느껴 무거워집니다.

즉 우리가 알고 있는 대부분의 소립자는 얼어붙은 우주 공간 안에서, 가득 차 있는 힉스입자의 방해를 받기 때문에 멀리까지 가지 못하는 것입니다. 그리고 학자들은 움직이기 어려워진 만큼 무게를 얻었다고 생각하기로 한 상태입니다.

하지만 여기서 마음에 걸리는 것은 실제 상황이 우리가 이론적으로 생각하는 대로인가 하는 점입니다. 단, 실제로 이런 일이 일어나고 있다면 힉스입자는 우리의 존재를 가능하게 해주는 게 됩니다. 왜냐하면 우리의 몸을 구성하고 있는 것은 원자지만 원자를 구성하는 소립자가 광속으로 날지 않는 것은 이 우주가 얼어붙은 힉스입자로 가득하기 때문입니다.

만약, 이 순간에 우주의 온도가 다시 4000조℃까지 올라 얼어 붙었던 힉스입자들이 제멋대로 날아다닌다면 어떻게 될까요? 그렇게 되면 소립자는 무게를 느끼지 못하게 되므로 눈 깜짝 할 사이에 광속으로 사방팔방을 날아다닐 것입니다. 이렇게 되면 앞길을 가로막는 방해물이 없으므로 당연한 결과지요. 그러면 우리의 몸은 10억 분의 1초라는 아주 순식간에 산산조각이 나면서 사라져 버리고 말 것입니다.

힉스입자가 진공 중에 가득 차 있는 덕에 원자가 그 자리에 정지해 있도록 질서가 생기는 것이므로 힉스입자는 아주 중요한 존재라고 할 수 있습니다. 이렇게 생각하면 신의 입자라 불리는 것도 과장은 아닌 것 같네요. 이 신의 입자가 없었다면 우리의 몸은 물론 우주에는 지구도 태양도 그 어떤 것도 생기지 않고 소립자들만이 허공을 날아다녔겠지요. 이 힉스입자가 2012년 7월에 드디어 발견되었으니 이 입자가 정말로 이런 일들을 하는지 어떤지 앞으로 연구 조사가 필요할 것입니다.

얼굴 없는 힉스입자

힉스입자는 대단히 중요한 역할을 하고 있는데 나는 개인적으로 어쩐지 느낌이 좋지 않은 부분이 있습니다. 이렇게 어딘가 살짝 기분 나쁜 존재는 영화 같은 데서 자주 등장하지요. 예를 들어 〈센과 치히로의 행방불명〉에 등장하는 가오나시, 〈해리포터〉 시리즈에 나오는 디멘터는 본인의 얼굴을 모르잖아요. 얼굴 없는 힉스입자도 소립자의 세계에서는 그런 존재입니다.

　소립자의 얼굴은 스핀이라는 것으로 표현됩니다. 모든 소립자는 팽이처럼 뱅글뱅글 돕니다. 전자는 스핀이 2분의 1, 광자나 위크보손은 1인 것처럼 입자는 각자의 속도로 회전하고 있습니다. 이런 입자에는 정해진 방향이 있거나 충돌하면 반응을 하는 등 성질이 알기 쉽기 때문에 나는 얼굴이 보이는 입자라고 표현하는데 힉스입자만큼은 이 스핀이 없습니다. 지금까지 이런 입자는 본 적이 없고, 말하자면 처음 만나는 새로운 유형의 소립자인 것입니다.

　힉스입자가 왜 얼굴이 없는지 논리적으로는 이해가 되는 부분도 있습니다. 이 입자는 진공 안에 가득 차 있습니다. 진공 그 자체라고 할 수도 있겠죠. 진공이라는 것에 얼굴이 있다면 곤란합니다. 얼굴이 없기 때문에 우리는 아무것도 없다고 생각하고, 많은 입자가 존재한다는 것을 의식하지 않을 수 있는 건지도 모릅니다. 이런 논리는 이해가 되지만 힉스입자 외에는 이런 입자가 없기 때문에 어쩐지 기분 나쁜 이미지를 지울 수가 없습니다.

　솔직하게 고백하는데, 나는 이 힉스입자가 기분 나쁘고 싫었습니다. 그래서 이런 입자는 없어도 좋지 않을까 싶어 힉스리스 이론을 주장한 적도 있는데 이렇게 발견이 되고 말았군요. 이제는 미처 몰라 봬서 죄송하다고 사죄하는 수밖에 없을 것 같습니다.

새 시대의 개막 – 힉스입자의 얼굴 찾기

힉스입자의 발견은 정말 새로운 시대의 개막이라고 생각합니다. 생각해 보면 20세기 전반은 전자기력을 이용해 원자가 어떻게 생겼는지를 알아낸 시대였습니다. 전자기학을 양자전자기학으로 완성시킨 인물은 일본의 도모나가 신이치로朝永振一郞 박사입니다.

그 다음에 원자 한가운데 있는 원자핵의 내부에 대해 알게 되었습니다. 이는 유카와 히데키 박사가 주장한 중간자론에서 시작되었는데 최종적으로 쿼크들을 연결하는 강력한 힘으로 귀착되었습니다. 이는 1930년대부터 1980년대에 걸친 업적으로 총 50년 정도의 시간이 소요되었습니다.

그리고 지금은, 드디어 약한 힘에 대해 조금씩 알아가고 있습니다. 약한 힘은 네 가지 힘 가운데 작용하는 거리가 가장 짧은 힘입니다. 1장에서도 언급한 우로보로스의 뱀의 꼬리 쪽이 점차 밝혀지고 있는 거죠. 이 약한 힘을 밝히는 것도 아마 50년 정도 소요될 것이므로 완전히 밝혀지려면 앞으로도 20년 정도 더 필요할 것입니다.

왜, 우리가 우주에 존재하는가?

이렇게 돌이켜 생각해 보니 시대를 움직이는 커다란 발견은 1세기에 두 번 정도밖에 없었습니다. 그러므로 힉스입자의 발견을 세기의 대발견이라고 하는 것은 호들갑도 과장도 아닌 것입니다. 그런데 대발견이 이루어지고 새로운 시대가 열렸는가 싶었는데, 막상 발견된 것은 얼굴 없는 입자였습니다. 그러니 어떻게든 그 얼굴을 확인하고 싶어집니다. 힉스입자의 정체를 밝히고 싶어지는 것이죠.

더 연구해 보면 우리가 원래 찾던 입자와는 성질이 다를 수도 있고, 어쩌면 〈해리포터〉의 디멘터처럼 많을 수도 있습니다. 힉스입자는 지금까지 본 적 없는 입자이고 담당하는 역할도 크기 때문에 어쩌면 새로운 그룹의 최초의 1인이 될 가능성도 있습니다. 그래서 힉스입자의 발견은 새로운 시대의 개막이라고 생각합니다.

여기서 힉스입자의 정체에 대한 현재의 내 생각을 조금 이야기할까 합니다. 힉스입자가 얼굴 없는 존재라고 했는데, 사실 힉스입자의 얼굴은 여분의 차원을 향하고 있는 게 아닌가 진지하게 생각하고 있습니다.

우리가 살고 있는 이 공간은 상하, 좌우, 전후 등 세 개의 방향으로 움직일 수 있기 때문에 3차원 공간이라고 할 수 있습니다. 그리고 자유롭게 왔다 갔다 할 수는 없지만 시간도 공간과 마찬

힉스입자의 정체

가지로 하나의 차원이기 때문에 합해서 4차원 시공이라고 합니다. 그런데 물리학 중에서는 이 우주가 10차원으로 이루어진 게 아니냐라는 논의도 진지하게 이루어지고 있습니다. 하지만 이 얘기는 조금 앞뒤가 맞지 않습니다. 우리가 느낄 수 있는 차원은 네 개뿐입니다. 우주가 정말로 10차원으로 이루어져 있다면 남은 여섯 개의 차원은 어디로 간 걸까요?

이 문제를 해결하기 위한 수단으로 등장한 것이 4차원 이외의 여섯 개의 차원은 아주 작게 접혀 있기 때문에 보이지 않는다는 이론이었습니다. 상당히 그럴듯하게 들리는데요, 서커스의 외줄타기를 예로 들어 생각해 보면 이해가 쉬울 것 같습니다.

외줄타기는 가는 밧줄 위를 걷기 때문에 밧줄 위에 서 있는 사람 입장에서 진행 방향은 앞이나 뒤밖에 없습니다. 즉 외줄타기 하는 사람에게 밧줄 위는 1차원인 것입니다. 그런데 지금, 이 밧줄 위에 개미가 있다면 어떨까요? 개미는 몸이 아주 작기 때문에 앞뒤 말고도 밧줄 몸통을 타고 움직일 수도 있습니다. 바꿔 말하면 작은 개미에게 밧줄은 2차원으로 보이는 것입니다.

아주 작은 소립자는 느낄 수 있지만 몸이 큰 우리는 느낄 수 없는 차원이 있을 수도 있습니다. 힉스입자는 4차원 세계에서는 뱅글뱅글 돌지 않는 것처럼 보일 수도 있지만 4차원 외의 여분의 차원에서는 어쩌면 돌고 있을 수도 있습니다. 힉스입자가 여분의 차원 방향에서 돌고 있다고 해도, 그 방향이 몸이 큰 우리 인간에게는 보이지 않기 때문에 우리는 힉스입자의 회전을 느끼지 못합니다. 어쩌면 힉스입자는 인류가 발견한 '여분의 차원을 운동하는 입자 제1호'일지도 모릅니다. 이렇게 생각하면 얼굴이 보이지 않는 것도 이해가 됩니다. 지금 이야기한 것은 아주 작은 예에 불과하지만, 물리학자들은 이렇게 어떻게든 힉스입자의 얼굴을 보기 위해 노력하고 있습니다.

통일의 시대

힉스입자를 발견했다는 뉴스는 많은 매체를 통해 보도되었습니다. 이 보도 내용들 가운데 눈에 띈 것이 17번째 입자라는 소개였습니다. 하지만 5장에서도 말했듯 사실 소립자는 이미 경입자와 보손이 12종류씩 발견된 상태입니다. 쿼크의 경우는 같은 입자여도 강한 힘에 의해 세 개의 색전하Color charge를 갖는 것으로 알려져 있기 때문에 그만큼 종류가 증가합니다. 게다가 각각의 입자의 반입자를 포함해 오른쪽 돌기, 왼쪽 돌기의 차이까지 생각하면 소립자의 종류는 단번에 100종류 가까이 되고 맙니다. 그렇게 되면 '소素립자'라고 하기에는 수가 너무 많은 것 같은데, 거기에 새로이 힉스입자가 추가되는 것이므로 물리학자들 사이에서도 대체 어떻게 된 일이냐고 생각하는 사람이 많습니다.

힉스입자의 정체

이와 비슷한 일은 원소에서도 있었습니다. 원소는 주기율표를 보면 알겠지만 인공적으로 만든 원소까지 포함해 118종이 발견되었습니다. 이 역시 종류가 많아 보이지만 자세히 들여다보면 이들 원소는 모두 전자, 양성자, 중성자라는 세 가지 입자로 이루어져 있습니다. 양성자와 중성자는 더 작게 쪼갤 수 있는데, 둘 다 위 쿼크와 아래 쿼크의 조합으로 이루어져 있습니다. 즉 현재 알려진 소립자의 경우 100종류 이상의 원소는 모두 전자, 위 쿼크, 아래 쿼크 이렇게 세 종류의 소립자로 이루어져 있는 것입니다.

그러므로 소립자도 지금은 많이 발견된 것 같지만 더 깊이 들어가면 뭔가 통일적으로 표현 가능한 방법이 있지 않을까 추측되고 있습니다. 역사적으로 봐도 그런 방향으로 진행되는 것 같고 말입니다.

뉴턴 시대에는 행성의 운동과 사과 등 지상의 것들의 운동이 통일되었습니다. 그 후, 맥스웰에 의해 전기와 자기가 통일되었고 아인슈타인의 상대성이론에 의해 시간과 공간이 통일되어 왔습니다.

그 다음, 전자기력과 약한 힘이 통일되어 전기약상호작용 electroweak interaction으로 하나가 되었습니다. 현재는 강한 힘까지 통일 사정권 내에 끌어들여 통일장이론을 확립하려는 연구가 진행 중입니다. 실제로 전자기력, 약한 힘, 강한 힘 등 세 가지 힘은 에너지를 높이면 통일될 조짐이 보입니다. 단, 세 힘을 통일하기 위해서는 현재 발견된 각각의 소립자에 초대칭성이라는 새로운 대칭성을 부가할 필요가 있습니다. 그러면 지금 우리가 생각하고 있는 소립자와 반입자 커플 외에 각각의 입자와 짝을 이루는 새로운 초대칭 짝입자가 더해져 소립자의 수는 훨씬 더 많아질 것입니다. 그런데도 통일장이론의 저 끝에서는 세 개의 힘에 중력을 더해 네 개의 힘을 통일하는 초통일장이론이 구상되고 있습니다. 그리고 이 네 가지 힘을 통일하는 이론의 가장 유력한 후보로 떠오르고 있는 것이 초끈이론입니다.

지금은 이렇게 생각하고 있지만 실제로 어떻게 되고 있는지는 실험을 통해서만 알 수 있습니다. 때문에 새로운 실험장치 건설을 계획하고 있습니다. 이는 국제선형가속기ILC 프로젝트라 불리는데 전 세계의 물리학자들은 LHC의 후계자로 ILC의 건설에 큰 기대를 걸고 있습니다. 아직 건설 장소는 정해지지 않았지만 일본에서는 후쿠오카 현과 사가 현에 걸쳐 있는 세후리脊振 산맥과 이와테 현의 기타카미北上 산지가 후보지로 거론되고 있습니다.

LHC가 총 길이 27킬로미터의 원형 가속기인 데 반해 ILC는 총 길이 30킬로미터의 직선형 가속기입니다. 이 가속기에서는 전자와 양전자를 가속시켜 충돌시키려고 계획하고 있습니다. ILC로 LHC에서 발견한 힉스입자를 더 자세히 연구하거나 암흑

145

힉스입자의 정체

물질이나 암흑에너지의 정체를 더 깊이 탐구할 수 있을 것으로 기대되고 있습니다. ILC가 제작되고 더욱 새로운 발견이 가능해진다면 초통일장이론이라는 터무니없어 보이는 이론의 완성이 가까워지겠지요. 그리고 그런 이론이 완성됨으로써 우로보로스의 뱀의 꼬리 저편까지 알 수 있게 되지 않을까 생각합니다.

애기를 정리하면 힉스입자는 얼굴 없는 입자이므로 한 종류만 있는 게 아니라 비슷하게 생긴 동료 입자가 있을 거라 예상하고 있습니다. 힉스입자에 동료가 있다는 이론은 크게 두 가지 종류가 있습니다. 하나는 다른 차원이 있다는 이론이고 다른 하나는 초대칭성 이론입니다. 두 이론 모두 지금까지 알려진 소립자 외에 아직 발견되지 않은 소립자가 있을 거라고 예언되고 있습니다. 이번에 발견된 것은 힉스입자의 최초의 예이며 같은 정도의 에너지 부근에서 힉스입자의 동료가 발견되지 않을까 기대하고 있습니다.

LHC는 2012년 실험이 끝나면 하드웨어를 증강해 에너지를 두 배 가까이 끌어올릴 계획입니다. 2012년 중에 새로운 발견이 이루어지면 대단히 기쁘겠지만, 수년 내에 힉스입자의 동료가 발견되어 새로운 이론의 힌트가 되기를 바랍니다. (2015년 현재 LHC 2차 가동이 성공적으로 수행되고 있음 – 감수자)

[Q & A]

질문 힉스입자가 밀집하면 그 안에 있는 것들이 움직이기 어렵다는 것은 관성질량이라는 이미지가 연상되는데 중력질량과의 관계는 어떻게 되나요?

무라야마 굉장히 좋은 질문이고, 이 질문의 취지는 소립자가 움직이기 어려워짐으로써 무거워진다는 것은 어렴풋이나마 이미지화가 되는데, 무거워진 것은 중력도 강하게 작용해야 합니다. 이 중력 작용을 힉스입자로 어떻게 설명할 수 있느냐는 것이군요.

사실은 아인슈타인의 이론을 이용하면 중력이 작용한다는 것은 거기에 존재하는 무게보다는 에너지에 대해 작용하는 것이라고 해석할 수 있습니다. 이를 표현하는 것이 그 유명한 $E=mc^2$라는 식입니다. 이 식은 에너지와 질량은 같다고 말하고 있습니다.

즉 에너지가 있으면 중력이 작용합니다. 그러므로 소립자 주변에 힉스입자가 엉겨 붙어 움직이기 어려워지면 전체 에너지는 커지기 때문에 그 에너지에 중력이 작용하고, 그로 인해 역시 관성질량과 마찬가지로 중력도 필요해집니다. 이런 이유로 중력도 강하게 작용한다고 확실히 답할 수 있습니다.

질문 힉스입자의 에너지가 126GeV라고 들었는데, 이 GeV는 무슨 뜻인가요?

무라야마 GeV라는 것은 기가전자볼트라는 에너지 단위입니다.

147

소립자의 세계에서는 아주 작은 것을 취급하기 때문에 개개 입자의 에너지는 그다지 크지가 않습니다.

기가라는 것은 10억 배를 나타내는 단어이므로 문제는 전자볼트란 무엇인가가 되겠습니다. 건전지는 보통 한 개에 1.5볼트의 전압을 걸 수 있습니다. 전지에 도선 등을 연결해 회로를 만들면 전자가 도선 내부를 이동하며 전류가 흐릅니다. 지금 도선을 연결하지 않고 진공 중에 전자를 방출한다고 해봅시다. 이때, 건전지에서 전자를 가속시켜 주면 전자는 1.5전자볼트의 에너지를 얻은 게 됩니다.

참고로 1기가전자볼트는 10억 전자볼트이므로 건전지 7억 개 정도의 에너지입니다. 이번 관측에서 힉스입자는 에너지가 126GeV인 곳에서 나타났습니다. 그만큼 큰 에너지를 부여해야 관측할 수 있기 때문에 LHC와 같은 거대한 장치가 필요하다는 것을 어느 정도 이해하게 되었다는 정도라고 생각합니다.

질문 아틀라스 같은 실험은 전 세계의 컴퓨터를 연결해서 계산하려는 것인데 고장이 났을 때 백업 등은 어떻게 하고 있나요? 조직적으로 하고 있는지, 개인의 책임인지 궁금합니다.

무라야마 자료 백업은 조직적으로 하고 있습니다. 실험을 통해 얻은 자료는 이 실험에 참여한 3,000명의 공동 재산이므로 그룹 차원에서 확실히 백업해서 절대 날아가는 일이 없도록 하고 있습니다.

물론 CERN 내부에도 대형 컴퓨터 시스템이 있어서 그 컴퓨터의 거대 기억 장치에 보존되어 있습니다. 이 실험에서 기록한 자료는 지금까지 수십 페타바이트1페타는 10^{15}로 아이팟 100만 개 분이며 이를 전부 확인해야 하므로 정말 방대한 작업이지요.

질문 힉스입자와 중력자 사이에는 무슨 관계가 있나요?

무라야마 중력자는 에너지가 얼마만큼 있느냐에 따라 작용이 달라집니다. 그러므로 중력의 관점에서 보면 무게가 힉스입자에서 왔는지, 운동에서 왔는지, 위치 에너지에서 왔는지는 관계가 없습니다. 아무튼 에너지만 있다면 중력이 작용하는 것입니다. 이는 힉스입자가 만든 무게든 원래 그 입자가 가지고 있던 다른 무게든 운동을 통해 얻은 에너지든, 중력은 마찬가지로 작용합니다. 그것이 아인슈타인이 도출한 등가원리입니다. 즉 어떤 의미에서 중력은 세세한 것은 신경 쓰지 않고 에너지만 있으면 작용하도록 되어 있기 때문에 힉스입자로 인해 만들어진 질량에도 분명 작용을 합니다.

7

왜, 우리가
우주에
존재하는가?

부풀어 있는 우주

이 우주에 우리가 존재하는 이유를 찾아가다 보면 우주의 시작에 도달합니다. 우주가 탄생한 것은 지금으로부터 137억 년 전으로 지금의 우리와는 상관없는 것처럼 느껴지는 먼 옛날이지만 당시에 생겨난 중성미자와 힉스입자 등의 작용으로 이 우주의 모습이 결정되어 왔다고 해도 과언이 아닙니다. 그렇다면 왜 이들 입자가 우리의 존재와 관련된 작용까지 하는 걸까요? 그 수수께끼를 풀기 위해서는 우주가 어떻게 시작되었는가를 알 필요가 있습니다.

우주의 시작으로는 빅뱅이론이 유명한데, 현재는 빅뱅보다도 더 전에 인플레이션이라는 현상이 있었을 것으로 추측되고 있습니다. 이는 일본의 사토 가쓰히코佐藤勝彦 박사와 미국의 앨런 구스Alan Guth 박사가 제창한 인플레이션 이론에 근거한 것입니다.

인플레이션 이론에 따르면 갓 태어난 우주는 원자보다 훨씬 작았습니다. 그리고 1초도 지나지 않아 수 밀리미터 정도의 크기로 넓어지는 인플레이션을 일으키며 단번에 커졌습니다. 그 후, 대폭발인 빅뱅이 발생하여 지금의 우주의 모습이 되어 갑니다.

그렇다면 그들은 왜 인플레이션 이론을 생각해 낸 걸까요? 이 얘기는 원래 우주는 정말 작았을까 라는 의문에서 출발해야 합니다. 우주가 팽창하고 있다고 생각하게 된 것은 1920년대 말입니다. 이전에는 우주는 팽창도, 수축도 하지 않는 영원히 아무것도 변하지 않는 존재로 여겨져 왔습니다. 그러므로 우주의 시작이라는 것은 생각해 본 적도 없었지요. 영원히 아무것도 변하지 않는다는 것은 시작도 끝도 없기 때문입니다.

그런데 1929년에 미국의 에드윈 허블Edwin Hubble이 우주는 팽창하고 있다는 논문을 발표하면서 그때까지의 상식이 뒤집혔습니다. 허블은 많은 은하를 관찰한 결과, 은하에서 오는 빛의 파장이 길어진다는 사실을 발견했습니다. 게다가 멀리 있는 은하일수록 빛의 파장이 더 컸던 것입니다.

구급차는 사이렌을 울리며 달리죠. 구급차가 다가올 때는 사이렌의 소리가 원래 소리보다 높게 들리다가 내가 있는 곳을 지나쳐 멀어지면 점점 낮아집니다. 이를 도플러 효과라고 하는데요, 같은 소리인데 왜 이런 현상이 일어나는 걸까요? 그 비밀은

음원까지의 거리에 있습니다. 구급차가 다가올 때는 멈춰있을 때보다 거리가 짧아지므로 그만큼 음의 파장이 짧아지고 소리가 높게 들립니다. 반대로 이곳을 지나쳐 갈 때는 멀어지므로 파장이 길어지며 소리가 낮게 들리는 것입니다.

빛도 소리와 마찬가지 현상이 일어나기 때문에 멀어지는 은하에서 오는 빛은 파장이 늘어나 붉게 보입니다. 허블 박사는 은하에서 온 빛을 일곱 개의 색으로 나누는 스펙트럼으로 측정한 결과, 멀리 있는 은하일수록 빛이 붉다는 사실을 발견했습니다. 먼 곳의 은하일수록 더 빠른 속도로 멀어지고 있다는 것이 이 우주가 팽창하고 있음을 의미하는 것입니다.

빅뱅의 증거

우주가 팽창하고 있다는 사실이 밝혀짐으로써 영원히 변하지 않는 우주라는 생각은 잘못된 것이 되었습니다. 우주는 시간과 함께 변하고 있었던 것입니다. 게다가 팽창하고 있다는 것은 시간의 태엽을 거꾸로 돌리면 우주는 점점 작아진다는 것을 의미합니다. 이는 갓 태어났을 무렵으로 돌아가면 우주는 아주 작은 점으로까지 작아진다는 걸 의미했습니다.

흔히 하나의 수수께끼가 풀리면 몇 가지 수수께끼가 더 생긴다고 하는데, 우주에 관한 연구도 그런 측면이 있습니다. 시간을 되돌리면 우주가 작은 점이 된다는 걸 알고 나니 이번에는 '자, 어째서 점처럼 작은 우주가 커진 걸까?'라는 의문이 생긴 것입니다. 그래서 등장한 것이 빅뱅이론입니다. 빅뱅이론은 1948년에 러시아 태생의 물리학자 조지 가모프George Gamow가 제창했는데, '우주는 초온도·초고밀도의 불덩이 같은 상태로 태어났다'는 이론이었습니다. 우주의 시작은 아주 작고 뜨거운 불덩이였기 때문에 큰 폭발을 일으켜 팽창하게 되었다는 것입니다.

그런데 가모프는 왜 우주의 시작이 불덩이였다고 했을까요? 공기 주입기로 자전거 타이어에 열심히 공기를 넣으면 공기를 넣은 직후의 타이어는 약간 따뜻해진 것 같습니다. 이는 공기가 압축되어 온도가 높아졌기 때문입니다. 마찬가지로 팽창하고 있는 우주의 시간을 되돌려 점점 작게 만들면 온도가 올라갈 거라고 생각한 것입니다.

이 빅뱅이론은 너무 참신했던 탓에 발표 당시에는 엉터리 이론이라는 비판이 쏟아졌습니다. 사실 빅뱅이라는 명칭 자체도 비판적인 물리학자들이 허풍이론이라는 뜻으로 부른 게 시작이었다고 합니다. 그런데 가모프는 그 명칭이 마음에 들어 빅뱅이론이라는 이름을 적극적으로 사용했다고 하네요. 가모프는 말로만 우주의 시작은 불덩이였다고 한 게 아니라 관측을 통해 증거를 포착하려고 했습니다.

만약 우주가 작았을 때 불덩이였다면 그 당시는 빛으로 가득했을 것이므로 그 흔적이 있을 거라고 생각했습니다. 불덩이였을 때는 에너지가 많고 파장이 짧은 빛이 나왔는데, 우주가 팽창했기 때문에 그 빛의 파장은 길어졌지만 관측이 가능할 것입니다. 가모프는 불덩이 우주의 흔적은 마이크로파인 전파로 관측할 수 있다고 예언했습니다. 가모프가 예언한 마이크로파는 우주배경복사라 명명되면서 많은 물리학자가 연구에 나섰습니다.

그리고 1964년, 드디어 가모프가 예언한 우주배경복사가 발견되었습니다. 발견의 주인공은 미국 벨 전파연구소현 벨 연구소에 근무하던 아노 펜지어스Arno Penzias와 로버트 윌슨Robert Wilson 두 사람입니다. 그런데 재미있게도 이 두 사람은 처음부터 우주배경복사를 포착하려던 게 아니었습니다.

그들은 위성통신으로 이용하기 위한 고감도 안테나를 연구하고 있었는데 그때 정체불명의 잡음을 포착하게 되었습니다. 통신에서 잡음은 그야말로 성가신 적입니다. 어떻게든 줄여보려고 했는데 좀처럼 뜻대로 되지 않았습니다. 뿐만 아니라 이상하게도 안테나를 어떤 방향으로 돌려도 계속해서 잡음이 들렸던 것입니다.

검토 결과, 생각할 수 있는 가능성은 두 가지였습니다. 하나는 안테나 내부의 이상이었습니다. 그래서 안테나 내부를 조사해보니 글쎄 비둘기가 둥지를 틀고 여기저기 새똥을 싸놓은 것이 아니겠습니까. 둘은 재빨리 둥지와 새똥을 치웠고 이제 문제를 해결했다고 생각했는데 웬일인지 잡음은 사라지지 않았습니다.

그러면 남은 가능성은 두 번째입니다. 그것은 우주 전체에서 오는 전파가 있다는 것입니다. 그리고 조사 결과, 그 잡음은 가모프가 예언한 우주배경복사였습니다. 우주배경복사는 프린스턴 대학교의 우주물리학자인 로버트 디키Robert Dicke 박사팀도 찾으려 했으나 일개 기업의 기술자에게 선두를 빼앗기고 말았습니다.

이 발견 후에도 둘이 관측한 마이크로파가 정말로 우주배경복사인지를 둘러싼 논쟁이 계속되었지만 1970년대에 들어 정말 빅뱅의 흔적인 우주배경복사라는 사실이 인정되면서 1978년에는 펜지어스와 윌슨에게 노벨 물리학상이 수여되었습니다. 우주배경복사를 예언한 가모프는 펜지어스와 윌슨이 노벨상을 받기 10년 전에 세상을 떠났기 때문에 유감스럽게도 노벨상은 받지 못했습니다. 만약 살아 있었다면 틀림없이 둘과 함께 공동 수상을 했을 텐데 말이죠.

인플레이션 이론

그런데 빅뱅 이후 나타난 열의 잔해인 우주배경복사는 어느 방향에서도 똑같이 관측할 수 있습니다. 뿐만 아니라 이는 온도를 측정할 수 있어 -270.3℃$_{2.7K}$ 정도인 것으로 알려져 있습니다. 지금의 우주는 광범위하게 펼쳐져 있으나 전파는 어느 방향에서 오더라도 온도가 거의 같습니다. 그런데 잘 생각해보면 참 이상한 일입니다. 우주 탄생과 함께 빅뱅이 일어났다면 급격한 변화로 인해 곳곳에 결함이 생기거나 균일하지 않더라도 이상할 게 없는데 어느 방향에서도 거의 균일한 상태인 것입니다. 우주배경복사인 마이크로파는 137억 년이나 전에 뿜어져 나왔는데, 위치를 불문하고 거의 온도가 같다는 것은 무척이나 신기한 일입니다.

예를 들어 대항해 시대에 지구를 여행하던 선원이 남쪽 바다에서 외딴섬을 발견했다고 합시다. 선원은 그 섬에 상륙해 그곳에 살고 있는 사람과 이야기를 했습니다. 그리고 다시 배를 타고 여행을 계속하다가 지구 반대편에 도달했을 때 또 다른 외딴섬을 발견했습니다. 그 섬 사람들과 대화를 하는데, 그들이 전에 상륙했던 섬 사람들과 완전히 같은 말을 사용한다면 어떨까요? 지구 반대편에 있는 두 개의 외딴섬에서 완전히 똑같은 말을 사용한다니, 일반적으로는 있을 수 없는 일입니다. 하지만 그런 경우에 맞닥뜨린다면 그 사람이 문화인류학자가 아니더라도 '그 사람들은 옛날에 같은 곳에서 살았고 서로 소통하던 사람들'이라는 이론을 생각해낼 것입니다.

왜, 우리가 우주에 존재하는가?

우주도 바로 이런 상태이며, 정 반대편에 있는 두 장소는 우주가 탄생한 직후에 뿔뿔이 흩어졌기 때문에 한 번도 교류가 없었기에 각기 상태가 다를 거라 생각했지만, 어디를 보더라도 상태가 같았기 때문에 사실은 우주 초창기에 교류가 있었던 건 아닐까 하고 추측하게 된 것입니다. 이런 아이디어에서 등장한 것이 인플레이션 이론입니다.

인플레이션 이론은 사실 우주가 탄생한 것은 빅뱅이 일어나기 얼마 전이라는 내용입니다. 갓 탄생한 우주는 원자보다도 훨씬 작았지만 빅뱅이 일어나기 바로 전에 3밀리미터 정도까지 급격히 커진 것으로 추측되고 있습니다. 정말 순식간에 생각지 못할 정도로 늘어났기 때문에 우주는 울퉁불퉁하지 않고 대부분 균일한 상태가 되었다는 것입니다.

탄생 초기의 작은 우주는 세탁기에서 이제 막 꺼낸 쭈글쭈글한 상태에 비유할 수 있습니다. 그런데 인플레이션이 일어남으로써 갑자기 다림질을 한 것처럼 펴져서 에너지가 균일한 상태가 되면서 팽창한 것입니다. 주름이 펴지고 전체가 평평해진 상태에서 빅뱅이 일어났기 때문에 현재의 우주도 거의 균일한 상태인 것입니다. 빅뱅 후의 열의 잔해인 우주배경복사가 거의 요철이 없는 상태인 이유도 인플레이션이 일어났기 때문이라고 생각하면 설명이 됩니다.

왜, 우리가 우주에 존재하는가?

소립자 요동의 주름

사실 최근 이 인플레이션을 일으키는 주요한 역할을 하는 게 중성미자일지도 모른다는 얘기가 나오고 있습니다. 4장에서 중성미자는 다른 입자에 비해 아주 가볍다고 하면서 그 이유를 시소 메커니즘으로 설명했습니다. 그중에서 아직 발견되지는 않았지만 아주 무거운 오른쪽 돌기 중성미자가 있을 거라고 했는데요, 만약 그 아주 무거운 중성미자가 실제로 존재하고 더구나 자신의 파트너가 되는 초대칭 짝입자도 있다면 우주를 부풀게 하는 인플레이션을 일으키게 됩니다.

이 최초의 인플레이션을 무거운 중성미자의 초대칭 짝입자가 일으켰을지도 모르는 것입니다. 우주의 초기는 어떤 입자도 고에너지의 형태로 존재했습니다. 당연히 무거운 중성미자의 초대칭 짝입자 역시 고에너지 상태였습니다. 이 상태는 한동안 유지되다가 어떤 계기로 인해 높은 상태에서 낮은 상태로 변해간 것이 아닌가 추측되고 있습니다.

에너지가 높은 입자는 마치 언덕 위에 서 있는 것처럼 불안정하므로 계기가 있다면 에너지가 낮은 안정적인 상태로 굴러갑니다. 뿐만 아니라 무거운 입자의 경우는 이 언덕길을 단숨에 굴러떨어집니다. 이때, 해방된 에너지가 우주를 순식간에 확대해 우주가 점점 커지는 인플레이션을 일으켰을 수도 있다는 것을 계산을 통해 알게 되었습니다. 이 인플레이션으로 우주는 1억의 1억 배의 1억 배의 1억 배의 1억 배라는 어마어마한 크기가 되어간 것입니다.

그리고 인플레이션이 끝난 후 빅뱅이 일어나고 이번에는 천천히 팽창하기 시작해 지금에 이르렀다는 얘기입니다. 단, 인플레이션 때문에 지나치게 판판해지면 다른 문제가 생깁니다. 적절하게 에너지의 주름이 없다면 어디든 조건이 같아지기 때문에 물질이 어디에 집합해야 할지 몰라 별이나 은하가 생성되지 않습니다.

그렇다면 주름은 어떻게 만들 수 있을까요? 사실 인플레이션은 주름을 펴기만 하는 게 아니라 만드는 역할도 합니다. 열심히 다림질한 곳 옆에 자연스럽게 주름이 생기는 것입니다. 참 편하게 생각한다고 할지도 모르겠으나 우주 초창기에는 가능한 일이었습니다. 당시의 우주는 원자보다도 작았기 때문에 소립자들의 역할이 대단했습니다. 소립자는 좁은 곳에 갇히면 요동을 치는 성질이 있습니다. 원자보다 작은 우주에서는 인플레이션으로 주름을 폈다고 해도 소립자가 좁은 곳에 갇혀 있는 효과로 인해 요동이 생깁니다. 그리고 소립자가 요동을 치면 그 영향으로 주름이 생기는 것입니다.

그렇다면 소립자는 왜 좁은 곳에 갇히면 요동을 치는 걸까요?

소립자의 세계에서는 불확정성관계라는 다소 이상한 규칙이 있습니다. 우리는 학교에서 과학 시간에 에너지 보존의 법칙이라는 것을 배웠습니다. 하지만 소립자가 주역인 미시 세계에서는 에너지 보존의 법칙을 조금 무시해도 됩니다.

예를 들어 여느 때처럼 출근을 했는데 지갑을 집에 두고 왔다고 합시다. 점심때가 되어 점심을 먹으러 가고 싶어도 수중에 돈이 없으니 그럴 수가 없습니다. 난감한 상태에서 주위를 둘러보는데 책상 위에 금고가 보입니다. 금고에서 돈을 조금 빌려 점심을 먹으러 갈 수 있었습니다. 그리고 나중에 채워 넣으면 일단락이 됩니다. 우리 세상에서는 소액이라도 회사의 돈을 무단으로 빌리는 것은 규칙 위반이지만 소립자의 세계에서는 그런 행위를 해도 제대로 돌려놓기만 하면 문제없습니다. 하지만 많이 빌리면 눈에 띄기 때문에 바로 돌려줘야 합니다. 이러한 에너지 대출·상환이 가능하다는 규칙이 불확정성관계입니다.

우주가 아주 작을 때는 이러한 불확정성관계에서의 대출·상환이 곳곳에서 이루어졌습니다. 대출·상환이 일어나면 빌린 부분은 에너지가 조금 많아지고, 빌려준 부분은 적어지기 때문에 조금 얼룩_{불균형}이 생깁니다. 잠시 후, 빌린 만큼은 갚아야 하므로 다시 편편한 우주로 돌아갈 거라 생각합니다. 그런데 빌린 순간에 인플레이션으로 인해 갑자기 팽창하면 대출·상환한 서로가 멀리 떨어지므로 빌린 만큼을 돌려줄 수 없게 됩니다. 이리하여 에너지의 대출·상환이 해소되지 못한 부분이 주름으로 남게 되는 것입니다. 다만 아까도 얘기했지만 이 주름이 남아준 덕에 물질이 모이게 되고 별과 은하가 탄생하게 되었습니다. 이렇게 생각해 가면 우주의 생성 과정을 명확히 설명할 수 있습니다.

태초의 우주를 향해

이론적으로는 우주의 시작을 조금씩 알게 되었지만 다음 과제는 이 이론이 정말인지를 조사하는 일입니다. 우주는 먼 곳을 보면 시간을 거슬러 올라갈 수 있기 때문에 137억 광년 전을 볼 수 있다면 우주의 시작도 보일 텐데 사실 지금의 기술로는 태초의 우주를 볼 수가 없습니다.

우주는 확실히 137억 년 전에 태어나 빅뱅을 일으켰습니다. 하지만 빅뱅 당시의 우주는 너무 뜨거워 물질과 에너지가 지나치게 한곳에 밀집되어 있었기 때문에 빛이 직진하지 못하고 갇혀 있는 시기가 지속되었습니다. 빛이 직진하게 된 것은 우주 탄생으로부터 38만 년 후의 일입니다. 즉 빛으로 볼 수 있는 것은 아무리 노력해도 탄생 후 38만 년 후의 우주까지입니다.

그보다 전에 일어난 일을 알고 싶으면 빛 이외의 방법을 생각해야 합니다. 다만, 전혀 아이디어가 없느냐 하면 그렇지는 않습니다. 지금까지의 관측을 바탕으로 이론이 만들어졌기 때문에 그 이론을 근거로 계산을 할 수 있습니다. 그 계산 결과로부터 도출된 우주의 시작은 다음과 같습니다.

우선, 쿼크보다 작은 우주가 탄생했고, 무거운 중성미자의 초대칭성 파트너인 에너지에 의해 인플레이션이 발생, 급격히 팽창해갑니다. 그리고 인플레이션이 끝나면 빅뱅이 발생, 힘이 네 개로 나뉘고, 많은 물질과 반물질이 생겨납니다. 다만 이대로는 물질과 반물질이 1 : 1로 소멸하여 모든 게 사라지므로 어떤 계기로 인해 물질과 반물질에 차이가 생겼고 물질만 남게 된 것입니다.

우주의 초창기는 아직 이론적으로만 생각할 뿐이고 실제로 관측되지는 않았습니다. 우주를 다시 만들 수는 없기 때문에 실험적으로 확인하는 것은 매우 어려운 일입니다.

그래도 물리학자라면 당연히 알고 싶을 것이고, 그래서 볼 수 있는 방법에 대해 다양하게 궁리하고 있습니다. 현재 생각할 수 있는 수단은 세 가지입니다. 하나는 이 책에서도 여러 번 등장했듯 가속기를 사용해 우주가 탄생한 때와 같은 상태를 만드는 방법입니다. 두 번째는 우주 탄생 직후에 생긴 중성미자를 관측하는 방법, 세 번째가 중력파를 찾는 것입니다.

중력파라는 것은 인플레이션 같은 큰 변화가 일어날 때, 시간과 공간에 생기는 중력의 잔물결 같은 것입니다. 현재의 우주론에 따르면 인플레이션 때 발생한 중력파가 지금도 아주 조금 남아 있다고 합니다. 잔물결 같은 중력파에 의한 진동을 포착할 수 있다면 인플레이션 당시의 우주가 보일지도 모릅니다. 그 중력파를 포착하기 위해 무슨 일을 하고 있느냐 하면 역시 망원경을 만들어 우주 저편에서 오는 빅뱅 당시의 빛을 봅니다.

이론적으로 생각하면 인플레이션 때 중력파가 발생하면 공간 자체가 흔들리기 때문에 그 후의 공간도 요동이 계속됩니다. 그 후에 빅뱅이 일어났을 때도 공간이 흔들리고 있기 때문에 빅뱅으로 발생한 빛은 그 영향을 받아 역시 조금 흔들릴 것입니다. 그 중력파에 의한 요동의 영향으로 빅뱅으로부터 온 빛의 진동 방법이 달라질 거라고 추측됩니다. 빅뱅 당시의 빛이 중력파로 인해 흔들리는 효과는 정말 미약하지만 자세히 측정하면 관측 가능하지 않을까 예상하고 있습니다.

이 중력파의 잔물결을 포착하기 위한 시도가 2009년에 유럽의 연구팀이 쏘아 올린 플랑크 위성입니다. 플랑크 위성은 우주의 나이를 결정한 NASA의 WMAP 위성과 마찬가지로 우주배경복사를 관측하는 위성인데 우주배경복사는 빅뱅의 잔열이므로 이를 높은 감도로 관측하면 중력파의 영향으로 약간 빛이 휜 모습을 관측할 수 있지 않을까 기대되고 있습니다. 순조롭게 진행되면 2013년 즈음에는 중력파를 관측한 자료가 나올 것으로 기대하고 있으며, 그렇게 되면 인플레이션이 어떻게 일어났는지 알 수 있을지도 모릅니다. (2015년 현재 계속해서 관측이 진행되고 있음 – 감수자)

초끈이론에 거는 기대

탄생 직후의 우주는 10^{-25}센티미터보다 작았습니다. 원자가 10^{-8}센티미터이므로 우주는 원자보다 자릿수가 17개나 적었던 것입니다. 이를 인플레이션으로 크게 늘려 간신히 3밀리미터까지 되었습니다. 그리고 빅뱅이 일어나 우주는 137억 년에 걸쳐 조금씩 커져 온 것입니다.

탄생 직후의 우주는 너무 작아 에너지로 가득하므로 우리가 상식이라고 생각하는 물리법칙이 통용되지 않았습니다. 그걸 어떻게든 해결하려고 많은 사람이 노력하고 있습니다.

그런데 탄생 직후의 우주에서는 왜 우리가 알고 있는 물리법칙이 통용되지 않을까요? 그건 우주의 시작이 점처럼 작다면 에너지가 무한대가 되기 때문입니다. 이 무한대가 되는 점을 전문용어로 특이점이라고 합니다. 특이점에서는 시간도 공간도 소멸해 버려 모든 물리법칙이 성립되지 않게 됩니다. 특이점이 나오면 물리학자들은 더 이상 손을 쓸 수가 없습니다.

그런데 수학자들은 이 특이점을 대단히 잘 다룹니다. 그러므

왜, 우리가 우주에 존재하는가?

로 고도의 수학을 조합함으로써 특이점을 극복하는 이론이 만들어질 수 있을지도 모른다고 생각하고 있습니다. 일본에는 세계적으로 유명한 수학자가 여럿 있는데 그중 한 명인 히로나카 헤이스케広中平祐 교수가 수학계의 노벨상이라 불리는 필즈상을 수상한 논문이 특이점 해소에 관한 것이었습니다. 그러니 물리와 수학이 더 깊이 연계하면 우주의 시작에 다가갈 수 있지 않을까요?

또한 특이점이 생기는 것은 소립자가 부피가 없는 점이기 때문입니다. 사실 소립자는 점이 아니라 아주 작은 끈으로 되어 있다고 생각하면 특이점이 나오지 않습니다. 이런 발상에서 등장한 것이 초끈이론입니다. 이 초끈이론은 아직 미완성이지만 네 개의 힘을 통합해 우주의 시작을 밝힐 수 있지 않을까 기대하고 있습니다.

특이점의 해소에 관해서는 휠체어를 탄 물리학자로도 유명한 스티븐 호킹 박사의 이론이 유명합니다. 그는 특이점이 존재하지 않는 게 아니냐는 이론을 생각하고 있습니다. 좀 더 자세히 말하면 우주에 펼쳐진 시간과 공간에는 경계나 끝이 없을 수도 있다는 것입니다. 경계나 끝이 없다면 특이점도 사라집니다. 이렇게 얘기해도 이미지가 잘 떠오르지 않을 것 같은데요, 호킹 박사는 우리가 느낄 수 있는 실수實數의 시간축 전에 우리가 느낄 수 없는 허수虛數의 시간축이 있다고 생각했습니다. 이 허수 시간축의 세계에서는 시간과 공간, 과거, 현재, 미래라는 것의 구별이 사라지고 모든 것이 뒤섞여 있다고 합니다. 그리고 어느 순간 갑자기 실수의 시간축 세계로 변해 시간과 공간이 나뉘고 과거, 현재, 미래가 구분되기 시작했다는 것입니다.

솔직히 말하면 이 허수의 시간축 세계라는 것을 이해하기는 어렵습니다. 왜 그런가 하면 호킹 박사가 말하는 세계는 우리가 살고 있는 4차원 시공의 세계와는 동떨어져 있기 때문에 상상할 수 없다는 게 가장 큰 이유입니다. 게다가 호킹 박사는 왜 허수 시간축의 세계가 존재하는지, 왜 허수의 시간축이 실제의 시간축으로 바뀌는지에 대해서는 전혀 언급하지 않고 있습니다. 만약 우주의 시작이 호킹 박사가 말한 대로라면 우리가 볼 수 있는 것은 우주가 시작되고 얼마 지난 후부터이며, 우주가 시작된 그 순간을 볼 수는 없게 됩니다. 우리 눈에는 우주가 도중에 시작된 것으로밖에 보이지 않겠죠.

호킹 박사의 말이 옳은지, 아니면 초끈이론 같은 세계로 이루어져 있는지, 정확한 것은 아직 아무도 모릅니다. 그래서 이를 밝히기 위해 다들 열심히 연구에 매진하고 있습니다.

지금까지 밝혀져 온 연구성과를 종합하면 우주 탄생 약 1분 후까지는 이런 일이 일어나지 않았겠느냐는 그림을 그릴 수 있게 되었습니다. 뿐만 아니라 중성미자가 물질을 낳은 부모이고

왜, 우리가 우주에 존재하는가?

반물질이 사라진 것은 중성미자 덕분이라는 것이 확실해진다면, 그 일이 일어나는 것은 우주가 시작되고 100억 분의 1초 정도일 때가 되므로 거기까지는 거슬러 올라갈 수 있게 되었습니다.

불과 몇 십 년 전까지 우주의 시작은 정말 수수께끼투성이였는데 지금은 100억 분의 1초 후의 우주에까지 접근 가능한 시대가 되었습니다. 우주가 어떻게 태어났는지 알 수 있는 가능성이 보이기 시작한 것입니다. 그리고 이러한 가능성이 정말인지 어떤지를 조사하는 실험이 지금 서서히 시작되고 있습니다.

원자보다 작았던 우주의 탄생

마지막으로 지금의 우주론으로 알 수 있는 유망한 설을 하나하나 연결해 우주의 시작부터 현재까지를 짚어보려 합니다.

우선, 탄생 직후의 우주는 원자보다도 작았습니다. 당시의 우주는 우리가 인식할 수 있는 4차원보다 더 많은 차원이 있었을지도 모릅니다. 다만, 이때 우주가 작고 둥글었기 때문에 4차원 시공의 우주가 되었을지 모른다고 추측하고 있습니다.

그리고 바로 인플레이션이 일어났고, 작고 쪼글쪼글했던 우주는 다리미로 주름을 편 것처럼 편편해지기 시작했습니다. 하지만 완전히 펴지지는 않는 것이 흥미로운 부분입니다. 주름을 펴는 것과 동시에 불확정성관계의 영향으로 눈에 보이지 않는 작은 주름이 생깁니다. 이 시점에서 우주는 드디어 3밀리미터 정도의 크기가 되었습니다.

우주는 인플레이션으로 인해 갑자기 커졌습니다. 3밀리미터라는 숫자만 놓고 보면 그게 뭐가 크냐고 할지 모르지만 탄생 직후의 우주는 10^{-35}였다는 설도 있습니다. 거기서 3밀리미터라는 30배 이상의 자릿수로 급격히 팽창한 것입니다.

인플레이션으로 눈에 보일 정도의 크기가 된 우주에서 빅뱅이 일어나고 우주가 가지고 있던 에너지가 열과 빛으로 변했습니다. 우주는 갑자기 뜨거워졌고 천천히 커져갔습니다. 그리고 우주가 3킬로미터 정도로 커졌을 때, 입자와 반입자의 균형이 깨진 것입니다. 진공의 세계에서 입자와 반입자는 쌍으로 태어나고, 대응하는 입자와 반입자가 충돌하면 소멸하며 에너지가 됩니다. 이때 입자의 생성과 소멸이 되풀이되었다고 물리학자들은 추측하고 있습니다.

하지만 이대로 쌍생성과 쌍소멸이 반복되기만 한다면, 그건 입자와 반입자가 같은 수만큼 생겼다가 사라지기를 반복할 뿐입니다. 우리가 이 우주에 존재하기 위해서는 어떤 순간에 입자와 반입자의 수가 어긋나야 합니다. 이때, 큰 역할을 한 것이 중성미자였습니다. 소립자에는 오른쪽 돌기인 것과 왼쪽 돌기인 것이 있는데 중성미자의 경우는 왼쪽 돌기인 것들밖에 관측되지 않습니다. 어쩌면 관측되지 않는 오른쪽 돌기 중성미자가 반중성미자일 가능성이 있습니다. 그렇다면 중성미자와 반중성미자는 서로 교체될지도 모릅니다. 앞으로 이런 시스템에 대해 알 수 있다면, 우주에 어째서 입자만 남았는지물질이 남고 반물질이 사라졌는지, 그 이유를 알 수 있을지도 모릅니다.

아무튼 우주에 같은 개수만큼 태어났던 입자와 반입자는 어느 시점에서인가 반입자가 입자로 변했을 것이라 추측됩니다. 뭔가가 10억 분의 한 개의 반입자를 입자로 바꿈으로써 9억 9999개의 입자는 반입자와 충돌하여 소멸했어도 두 개의 입자가 살아남아 별과 은하, 그리고 우리가 되어온 것입니다.

그리고 우주가 1억 킬로미터까지 커진 시점에서 힉스입자가 얼어붙습니다. 마치 수증기가 물이나 얼음이 된 것처럼 우주가 꼼짝 않고 얼어붙었습니다. 그 덕에 소립자의 세계에 질서가 생기고 많은 소립자에 질량이 부여되었습니다. 이렇게 시작한 우주는 천천히 팽창하고 있으므로 점점 식어갑니다. 다만, 아직은 뜨겁기 때문에 원자핵이나 전자가 플라스마 상태로 공간을 휘젓고 다니는 소란스러운 상태가 계속됩니다. 이 상태에서 빛은 많은 원자핵과 전자들에게 차단당하기 때문에 직진할 수가 없습니다.

암흑물질은 광자나 쿼크 같은 다른 소립자와 거의 비슷하게 존재했지만, 서로 만나 거의 소멸해 버렸습니다. 하지만 우주가

100억 킬로미터 정도가 되자 더 이상 만날 수도 없을 만큼 희박해져 소멸이 멈추고 생존량이 정해집니다. 그리고 이것이 지금 남아 있는 암흑물질일 것으로 추정되고 있습니다.

그 다음 우주가 3000억 킬로미터 정도가 되면, 쿼크가 강한 힘에 의해 봉인되면서 양성자와 중성자가 됩니다. 그리고 30억 광년 정도로 커질 때까지 결합되어 있다가 중성자는 모두 헬륨 원자핵으로 편입됩니다. 하지만 그 이상 큰 원자는 아직 거의 없습니다.

우주가 겨우 안정되기 시작한 것은 탄생으로부터 약 38만 년 후이며, 우주의 크기는 1000만 년 광년이 됩니다. 우주가 식었다고 해도 아직 3000℃나 되기 때문에 원자핵과 전자가 결합하여 원자가 생겨나고, 그때까지 우주 공간을 날아다니던 플라스마가 원자가 됨으로써 점점 모이게 되었습니다. 우주에는 인플레이션 당시 잔주름이 생겼습니다. 그 주름의 에너지 농도가 짙은 곳에는 사실 암흑물질이 모여 있었기 때문에 그 암흑물질의 중력에 이끌려 원자도 모이게 됩니다. 이것이 점점 별이 되고, 별이 하나 둘 모여 은하를 이루게 됩니다.

우주에서 최초로 생긴 원소는 수소와 헬륨입니다. 수소는 양성자와 전자가 하나씩 결합하여 만들어지고, 헬륨은 양성자, 중성자, 전자가 두 개씩 모여 만들어집니다. 그리고 수소원자와 헬

왜, 우리가 우주에 존재하는가?

륨원자가 암흑물질 이곳저곳에 모이면 별이 됩니다. 수소와 헬륨 모두 가스이므로 양이 적을 때는 대단히 가볍지만 많이 모이면 무거워져, 자기들의 무게로 인해 중심 부분이 꼭꼭 채워진 고밀도 상태가 됩니다. 어느 정도의 밀도가 되면 핵융합이 시작되고 열과 빛을 방출합니다. 우리가 관측하는 별빛이 이렇게 생겨났군요. 처음에 핵융합의 원료로 사용된 것은 수소원자였습니다. 네 개의 수소원자를 결합하여 하나의 헬륨원자를 만드는 과정에서 막대한 에너지가 생기고 열과 빛을 방출합니다. 수소원자가 없어지자 다음은 헬륨원자를 융합시켜 탄소원자와 산소원자를 만듭니다. 헬륨이 없어지자 이번에는 탄소와 산소를 연료 삼아 네온, 마그네슘, 규소, 철 등을 차례차례 만들어 갑니다.

이제 보니 별은 우리 몸의 기본이 되는 원소의 제조기이기도 합니다. 단, 별의 핵융합으로 생성되는 것은 철까지입니다. 별은 무게에 따라 핵융합이 가능한 정도가 결정됩니다. 무게가 태양의 8배 정도까지인 별은 탄소나 산소가 결합됨으로써 핵융합이 멈추고 백색왜성이 되지만, 8배 이상인 경우 핵융합은 철까지 진행되어 최종적으로는 초신성폭발을 일으킵니다.

이 초신성폭발이 철보다 무거운 원소를 만드는 원동력이 됩니다. 핵융합을 끝낸 별은 중심부분이 식어가면서 굉장한 기세로 수축됩니다. 그러면 중심부분이 초고밀도가 되고 대폭발을 일으킵니다. 이 폭발로 많은 무거운 원소가 만들어지는 것입니다.

초신성폭발은 새로운 별의 재료가 되는 가스나 먼지를 우주 공간에 뿌리는 역할을 합니다. 흩뿌려진 가스와 먼지는 중력이 강한 곳으로 모이고 새로운 별을 만듭니다. 이런 식으로 만들어진 별이 모여 우리 은하를 만들었고 그중 한쪽에 우리가 사는 태양계가 있습니다. 지구는 태양을 만들기 위해 모인 가스와 먼지 중 일부로 만들어졌고, 그 지구상에서 탄생한 우리의 몸은 거슬러 올라가 보면 별 안에서 만들어진 것입니다. 그러므로 우리는 말 그대로 밤하늘에 빛나는 별들로 만들어진 게 됩니다.

우리 은하는 지금으로부터 약 100억 년 전에는 이미 존재했을 거라고 추측됩니다. 이 은하는 주변의 작은 은하를 꿀꺽꿀꺽 삼키며 성장합니다. 이 삼켜진 일부분 중에 태양계가 있을 거라 추정되며, 삼켜지면 마구 뒤섞여 가스 에너지가 높아지고 별이 생기게 됩니다. 이렇게 생겨난 별들의 신흥 주택지 한 변두리에 태양계가 있습니다. 태양계가 만들어진 것은 지금으로부터 약 46억 년 전이므로 우주 전체의 역사로 보면 비교적 최근의 일입니다.

우주의 과거와 미래를 보여주는 '스미레 계획'

그렇다면 우주는 앞으로 어떻게 될까요? 진공 상태는 활발한 에너지를 갖고 있으므로 이 에너지가 순식간에 우주를 찢어놓을

왜, 우리가 우주에 존재하는가?

것으로 예상됩니다. 계산상으로는 어마어마한 양의 에너지가 생성되므로 이게 사실이라면 우리가 사는 우주는 결국 찢어지고 새로운 별도 탄생시키지 못한 채 종말을 맞습니다. 이 시나리오는 이론물리학 최악의 예언으로 여겨지고 있으며 이 예언의 적중 여부는 향후 연구를 통해 밝혀질 것입니다. 그런데 지금까지의 연구 결과만으로 보더라도 우주는 우리가 생각하는 것보다 정교하게 만들어진 것 같습니다. 예를 들어 중력이 너무 강하면 별들은 모두 블랙홀이 되어 버립니다. 하지만 그렇게 되지 않을 만큼 중력의 강도는 적당합니다. 중성자의 무게도 절묘해서 조금만 더 무거웠다면 이 우주에 존재 가능한 원소는 수소뿐이었을 것이며 지구와 인간도 출현하지 못했을 것입니다. 진공 에너지도 알맞게 작아서 우주가 이만큼 커질 수 있었습니다. 어느 면을 보더라도 완벽하지 않은 것이 없습니다.

우리가 살고 있는 우주는 지나치다 싶으리만치 완성도가 높습니다. 이렇게 훌륭하니, 어쩌면 또 다른 우주들이 존재하고 그중 하나에 우리가 사는 건 아닐까 생각하는 사람도 나타났습니다. 사실 우리는 우주가 어떻게 생겼는지 연구하기 위해 망원경을 활용해 먼 우주를 관찰하고 있습니다. 먼 우주를 보고 지금 말한 것 같은 역사가 정말로 존재했는지, 제대로 된 자료를 모아 재구성하려는 목적으로 말이죠.

왜, 우리가 우주에 존재하는가?

그래서 스바루 망원경에 새로운 카메라와 분광기를 장착해 관찰하는 '스미레 계획'을 세웠습니다. 카메라는 일반적으로 사용하는 디지털 카메라와 원리는 같지만, 9억 화소에 중량은 3톤이나 되는 거대 카메라입니다. 이름은 하이퍼 슈프림 캠Hyper Suprime - Cam. 이 카메라를 이용해 5년 동안 수억 개의 은하를 관측하게 됩니다.

하이퍼 슈프림 캠은 2012년에 완성되었는데 이제부터 스바루 망원경에 장착해 관측을 시작할 예정입니다. (2015년 현재 순조롭게 데이터 수집이 계속되고 있음 - 감수자) 또한 분광기를 만들기 위해 전 세계에서 연구자들이 모여 어떤 분광기를 만들 것인가 구체적으로 논의했습니다.

망원경으로 포착한 빛은 새하얀 점으로 보일 뿐이지만, 그 안에는 빨강에서 보라까지 모든 색이 들어있습니다. 이를 분광기로 나누면 어떤 색 성분이 얼마만큼 들어있는지 알 수 있으므로 이런 분석을 통해 그 은하가 빛을 발사했을 당시의 우주의 크기를 알 수 있다. 은하까지의 거리나 시간은 빛의 밝기로 측정할 수 있기 때문에 과거의 우주가 어떤 방법으로 커졌는지, 달리 말하면 우주가 팽창해 온 역사를 알 수 있게 되는 것입니다. 이는 우주의 운명 예측으로도 이어집니다. 단, 이 분광기를 이용한 측정은 시간이 걸립니다. 하나하나 순서대로 관측하면 1000년이나

177

되는 시간이 걸리므로 이 계획에서는 한 번에 1000개의 은하의 색을 볼 수 있는 분광기를 만들어 5년 동안 수억 개의 은하를 관측하기로 했습니다.

우리는 이 스미레 계획을 통해 수많은 은하를 한번에 관측함으로써 우주의 과거에 좀 더 다가가, 힉스입자뿐 아니라 암흑물질, 암흑에너지 등의 정체까지 알 수 있게 되지 않을까 기대하고 있습니다.

[Q & A]

질문 초대칭 짝입자나 굉장히 무거운 중성미자 같은 것이 존재한다는 것을 검증하기 위한 실험이 진행 중인가요?

무라야마 초대칭 짝입자에 관해 말하면 우리가 알고 있는 입자의 파트너는 현재의 가속기로 충분히 관측 가능한 정도의 무게가 아닐까 추측하고 있습니다. 그러므로 지금 그 가속기로 열심히 찾고 있습니다. 현재, 아직 발견되지 않았지만 어느 정도 확률로 발견될 거라 기대하고 있기 때문에 10년, 20년이 걸려도 계속 찾을 것입니다.

한편, 무거운 중성미자의 파트너는 역시 너무 무거워서 가속기를 이용해도 만들 수 없습니다. 직접적인 증거를 발견하기는 대단

왜, 우리가 우주에 존재하는가?

히 어렵기 때문에 간접적인 증거를 찾으려 하고 있습니다. 마치 중력렌즈 효과로 암흑물질의 위치를 파악하는 것처럼 조금 다른 방향에서 찾는 방법을 연구해야 할 것입니다.

마치며

도시에서 멀리 떨어진 곳에서 밤하늘을 올려다보면 우리에게 친숙한 북두칠성이나 카시오페이아, 오리온 자리뿐만 아니라 은하수 같은 무수한 별이 보입니다. 누구라도 '이렇게 큰 우주에 우리는 왜 존재하는 걸까? 어떻게 생겨난 걸까?' 하고 어느 정도 철학적인 생각을 해 본 경험이 있지 않을까요? 저는 철학자도 아니고 진화생물학자도 아닙니다. 하지만 저 같은 물리학자도 확실히 아는 게 하나 있으니 '재료'가 없으면 우리는 태어나지 못했을 거라는 사실입니다. 그리고 이 '재료' 문제는 우주와 깊은 관련이 있지요.

그렇다면 어떤 '재료'가 필요할까요? 물론 몸은 세포로 이루어져 있고 세포에는 수십 종의 원자가 대단히 복잡한 형태로 밀집되어 있습니다. 그리고 몸의 3분의 2는 물이며, 분석 결과 재료

는 산소, 탄소, 수소, 질소, 칼슘, 인, 황, 칼륨, 나트륨 순으로 많
았습니다. 적혈구에는 철분도 중요하여 만약 철분이 부족하면
빈혈을 일으킵니다. 그러고 보니 이런 화학 원소는 어디서 왔는
지도 궁금해지는군요.

그런데 정말 놀랍게도 대부분의 화학 원소는 수십억 년도 더
전에 폭발한 별의 작은 조각들먼지입니다. 우주 초기에는 수소와
헬륨, 극미량의 리튬밖에 없었습니다. 이 셋은 주기율표에서 가
장 먼저 등장하는 원소입니다. 중요 원소인 산소, 탄소, 철 등은
별 내부에서 핵융합이 일어날 때 수소나 헬륨을 끌어들여 커졌는
데, 별 내부에 있으면 아무 쓸모가 없습니다. 별이 인생(?)을 끝내
며 '초신성'이라는 대폭발을 일으키면서 이런 원소를 우주 공간
으로 방출하고, 이를 다시 끌어 모아 만들어진 것이 태양, 지구,
그리고 우리의 몸이라고 알려져 있는데, 그러니까 우리라는 존재
는 직접적으로 우주의 시작과 연관이 있다는 얘기가 됩니다.

하지만 문제는 여기서 끝나지 않습니다. 그렇다면 우주 초기
에 별의 재료가 된 수소나 헬륨은 어디서 왔을까요? 사실은 빅뱅
으로 우주가 만들어지고 난 뒤 1초 동안은 수소도 헬륨도 없었습
니다. 온도가 100억℃ 이상이나 되기 때문에 원자를 만들 양성
자와 중성자 모두 뿔뿔이 흩어져 쿼크 상태였던 것입니다. 이 무
렵의 우주는 전자, 쿼크, 중성미자, 광자, 글루온이라는 소립자들

로 이루어진 뜨거운 스프로 가득 차 있었습니다.

그런데 여기서 커다란 문제에 맞닥뜨리게 됩니다. 실험실에서 빅뱅을 재현하기 위해 소립자 가속기라는 장치를 사용해 보니 에너지에서 물질이 만들어질 때는 반드시 반물질이 함께 만들어졌습니다. 그러므로 틀림없이 빅뱅에서도 물질과 반물질이 함께 만들어졌겠죠. 그런데 이 반물질은 공상과학에 나오는 이야기가 아닙니다. 여러분의 몸에 닿았던 적이 있을지도 모르거든요. 병원에서 체내 기능을 조사하기 위해 PET포지트론 단층촬영라는 것을 하기도 하는데, 이 포지트론은 전자의 반물질, 즉 양전자를 말합니다. 반물질은 물질과 만나면 쌍으로 소멸하면서 에너지로 변하는데, 이 에너지를 광자라는 입자로 포착해 체내를 검사할 수 있습니다. 그러므로 에너지는 물질과 반물질을 쌍으로 만들고 물질과 반물질은 만나면 쌍으로 소멸하며 에너지로 돌아갑니다.

그렇다면 불덩이 같은 에너지였던 빅뱅은 물질과 반물질을 똑같이 반반씩 만들었을 테고, 그 후 물질과 반물질은 다같이 만나 소멸하여 에너지로 돌아갔을 테니 우주는 텅 비어있어야 합니다. 그런데 '왜, 우리가 우주에 존재하는 걸까요?'

우리라는 물질이 살아남기 위해서는 물질이 반물질보다 많아야만 합니다. 계산해 보면 약 10억 분의 2 정도가 됩니다. 그러려면 빅뱅으로 생성된 물질과 반물질의 균형을 살짝 깨야 하는데,

이때 중성미자라는 소립자가 활약했을 것으로 추측된다, 는 이야기입니다.

이렇듯 이 책에서는 도깨비 같은 소립자인 중성미자가 대활약을 펼칩니다. 그리고 중성미자보다 더 도깨비 같은 뉴트랄리노라는 암흑물질, 이 모두를 만든 인플레이션급팽창, 원자보다도 훨씬 작았던 우주. 이렇게 미시적인 크기의 우주와 그 안의 미시적인 소립자들 덕에 우리가 존재하는 것입니다.

이 책에서는 이런 놀라운 물질세계 탄생의 역사에 가까이 가보고자 했습니다.

여러분이 언젠가 밤하늘을 보게 되면, 작디작은 우주와 그 안의 소립자들을 떠올려주기 바랍니다.

마지막으로 이 책의 인세는 모두 Kavli IMPU에 기부함을 밝히며 글을 마치겠습니다.

2012년 12월
무라야마 히토시

왜, 우리가 우주에 존재하는가?

찾아보기

무라야마 히토시(村山斉)는 2002년에 일본에서 40세 미만의 신진 이론물리학자들에게 주어지는 니시노미야 유카와 기념상을 수상한 소립자 이론의 선두주자이며 기초과학 분야의 젊은 리더 중 한 명이다. 일반 독자들도 쉽게 이해할 수 있는 과학서 집필로 대중들에게도 잘 알려진 인기 작가이기도 하다. 일본 도쿄대학교에서 소립자물리학을 전공한 후 동 대학원 물리학 박사 학위를 받았다. 도호쿠대학교 대학원 이학연구과 물리학과 조수, 로렌스버클리 국립연구소 연구원, 캘리포니아대학교 버클리캠퍼스 물리학과 조교수, 준교수를 거쳐 현재 같은 대학 물리학과 맥애덤스(MacAdams) 석좌교수다. 또한 도쿄대학교 국제고등연구소 우주의 물리학과 수학 연구소(Kavli IPMU) 초대 소장을 역임했고 현재 특임 교수다.

대우휴먼사이언스 007

왜, 우리가 우주에 존재하는가?
최신 소립자론 입문

1판 1쇄 찍음 | 2015년 12월 1일
1판 1쇄 펴냄 | 2015년 12월 8일

지은이 | 무라야마 히토시
옮긴이 | 김소연
감　수 | 박성찬
펴낸이 | 김정호
펴낸곳 | 아카넷

출판등록 | 2000년 1월 24일(제406-2000-000012호)
주소 | 413-210 경기도 파주시 회동길 445-3
전화 | 031-955-9511(편집) · 031-955-9514(주문)　팩시밀리 | 031-955-9519
www.acanet.co.kr

ISBN 978-89-5733-472-0 94420
ISBN 978-89-5733-452-2 (세트)

이 도서의 국립중앙도서관 출판예정도서목록(CIP)은 서지정보유통지원시스템 홈페이지(http://seoji.nl.go.kr)와 국가자료공동목록시스템(http://www.nl.go.kr/kolisnet)에서 이용하실 수 있습니다.(CIP제어번호:CIP2015031983)

이 제작물은 아모레퍼시픽의 아리따글꼴을 사용하여 디자인 되었습니다.